录井现场工作指南

冯 伟 编著

石油工业出版社

内 容 提 要

本书基于石油地质理论基础知识，以现行石油录井行业和企业标准为框架，系统总结了钻井过程中地质录井、气体录井、工程录井和评价录井等的基本原理、采集参数和操作过程，并以现场实例阐述了各项录井技术的特点和作用，在岩性剖面建立、油气层发现评价，以及随钻工程风险评估等方面给出了技术可行性的建议。

本书可供石油勘探开发工作者及大专院校相关专业师生参考使用。

图书在版编目（CIP）数据

录井现场工作指南／冯伟编著. — 北京：石油工业出版社，2022.4

ISBN 978-7-5183-5315-6

Ⅰ.①录… Ⅱ.①冯… Ⅲ.①录井-工作-指南

Ⅳ.①P631.8-62

中国版本图书馆 CIP 数据核字（2022）第 054773 号

出版发行：石油工业出版社
　　　　　（北京安定门外安华里 2 区 1 号　100011）
　　　　　网　　址：www.petropub.com
　　　　　编辑部：（010）64523736
　　　　　图书营销中心：（010）64523633
经　　销：全国新华书店
印　　刷：北京晨旭印刷厂

2022 年 4 月第 1 版　2022 年 4 月第 1 次印刷
787×1092 毫米　开本：1/16　印张：12.5
字数：300 千字

定价：90.00 元

序

　　录井是石油勘探开发井筒工程关键环节，是石油地质和钻井工程结合的桥梁和纽带，被誉为"工程中的地质、地质中的工程"。其技术核心就是通过采集录取钻井过程中相关的地质、工程、钻井液、地层压力等资料，并应用相关技术达到井筒地质剖面恢复、油气显示发现、钻井安全监测、流体性质评价的目的。因此录井肩负着"服务油田、保障钻探"的重要使命。

　　录井技术自20世纪50年代引入我国以来，经过一代又一代录井人的不懈努力，已经从单一的地质录井发展到现在的集气测录井、工程录井、评价录井、信息录井为一体的综合技术服务。近年来，尤其是以地球化学录井、定量荧光录井、X射线衍射矿物录井、X射线荧光元素录井及核磁共振录井为代表的评价录井技术得到了快速的发展和长足的进步，服务项目和服务内容逐步向井筒全产业链延伸；信息技术与传统录井的有机融合，实现了作业现场的远程管控，发挥着"井场数据中心"的作用。未来，录井技术将运用大数据等先进的信息技术，将地质工程数据进行统计、分析、应用，为数字油田、智慧油田建设提供重要技术支撑。

　　无论是为钻井安全保驾护航，还是为油田勘探开发精细服务，录井技术最重要的是对基础资料的采集。然而录井队现场工作人员业务能力的不足已经成为影响录井质量及其技术发展的关键。2020年，中国石油组织首次录井关键岗位人员业务能力考试，总体通过率不足50%，暴露出在技术培训及人才质量上存在很大的短板，这对录井技术发展前景提出了挑战。如何提升现场录井技术人员岗位技能水平、提高基础资料采集质量，成为录井管理人员目前需要重点解决的关键问题。

　　《录井现场工作指南》在广泛征求各油田录井专家建议的基础上编写而成，是一本操作性、实用性很强的现场录井工具书，同时也是录井队关键岗位人员学习的专业基础参考书。在强化提升录井关键岗位人员业务能力的严峻形势下，相信该书的出版能够成为广大录井现场工作人员的标准操作用书，对于提高现场录井质量、提升录井综合技术服务水平、促进录井技术的创新发展起到积极的推动作用。

2021 年 11 月 10 日

前　　言

录井作为油气勘探开发过程中寻找和发现油气田的重要手段，是不可或缺的重要环节，通过采集录取钻井过程中各项岩性、物性、含油气性及流体性质等信息，恢复井筒地质剖面，同时通过工程参数实时监测，及时发现钻井过程中的各种工程复杂状况，为安全钻井保驾护航。

录井技术在钻井过程中能否发挥其作用，录井队技术人员的业务水平最为重要，尤其是关键岗位人员的业务能力，决定了录井质量的高低，决定了油气层能否及时发现和正确评价。

为了培养和建设一支高素质的录井队伍，不断提高录井质量，各录井单位在人员培训上花费了大量的人力物力。笔者在国内多位录井行业专家的指导和帮助下，完成了本书的编写，希望在录井人才培养和培训方面尽一份绵薄之力。本书是一本适合录井现场施工人员使用的系统、实用的工具书。

本书共分十七章，依据最新的石油录井行业和企业标准，结合石油地质理论和现场实践知识编写而成，实用性强。本书在编写过程中，得到了中国石油各油气田公司和录井单位的大力支持，在此表示衷心的感谢！同时，更要感谢为本书提供参考资料和具体指导意见的各位专家和朋友！

本书涉及专业多、知识面广，由于笔者知识水平所限，难免有不足之处，恳请读者批评指正！

目　　录

第一章　录井基础

录井作为油气钻探过程中发现油气最直接和最及时的重要手段，是在钻井过程中通过技术手段随钻连续录取地下地质资料、钻井工程参数，对地质、工程数据进行综合分析处理，恢复井筒地层岩性剖面、及时发现评价油气层、实时监测保证工程安全、集成发布井下信息的一项系统工程。

在石油勘探开发领域中，录井就是在钻井过程中录取井下地质和工程信息的一项工程技术，包括地质录井、气体录井、工程录井和评价录井。其中评价录井是近年新兴的录井技术，就是将分析化验项目前移到钻井现场，在地质录井的基础上对地层岩性、储层物性、含油气性和烃源岩特征等进行定量分析评价的作业，包括定量荧光录井、岩石热解地球化学录井、岩石热蒸发烃气相色谱录井、轻烃录井、核磁共振录井、X 射线衍射矿物录井、X 射线荧光元素录井、自然伽马能谱录井、岩屑成像录井等。

第一节　录井队伍及设备

录井队伍应具备相应的队伍资质、市场准入，人员编制、资质级别及录井仪器配置应符合合同要求。

一、录井队人员

（一）人员资质

现场录井人员除了按岗位持有效证件上岗外，还应持有"HSE 培训合格证""井控培训合格证"。此外，在含硫地区作业还应持有"硫化氢防护培训合格证"，在海上作业还应持有"海上石油作业安全救生培训证书"。

（二）岗位职责

一般情况下，录井队按作业范围分为综合录井队、气测录井队和地质录井队，人员岗位配置包括录井队长、录井地质师、仪器工程师、地质采集工、仪器操作员，使用元素录井、核磁共振录井、地球化学录井、定量荧光录井等评价录井项目时，还需要有相应录井项目的评价录井工程师。

1. 录井队长职责

负责录井队全面管理工作。负责组织录井队搬迁，组织录井队成员学习地质设计书、录井施工方案，按照地质设计或建设方指令组织本井现场录井工作。在钻井过程中，录井队长每天巡回检查上一班次设备运行、资料录取工作完成情况，安排下一班次重点工作，整理、汇总当天录井工作资料。其中岩屑描述记录、随钻地质录井图绘制等工序完成时间比当天井深钻到时间滞后不超过 24 小时，每天进行随钻地层对比，及时编写、发布当天的地质预告。如果现场无地质监督，录井队长就需每天按建设方要求汇报录井工作情况。

2. 录井地质师职责

负责组织岩屑、岩(壁)心资料录取，按地质设计要求取全取准各项地质资料。监督检查各项地质录井资料的录取、记录情况，描述及落实岩性、油气显示，建立本井的地质录井剖面，编写完井总结报告。

3. 仪器工程师职责

负责组织现场综合录井仪器的安装和拆卸，保证仪器设备正常运行。监督检查各项仪器录井资料的录取、记录情况，负责仪器及辅助设备的维护、保养及调试工作，负责设备标定、校验、检修等工作。

4. 地质采集工职责

1）交接班

接班人提前30min到井场巡回检查工作。巡回检查路线为：地质房→场地→钻台→泵房→高架槽→振动筛→水罐→砂样台→地质房。

交接班重点内容：井深计算与钻具管理、岩屑录取与录井班报记录、地层岩性与油气显示等情况，上一班存在的问题和下一班的重点工作。

2）日常工作

负责按设计要求进行地质录井工作，及时准确落实岩性和油气显示，齐全准确地收集、记录各项地质录井原始资料，收集钻井液性能及钻井、测井、固井、测试等其他工程资料。

5. 仪器操作员职责

1）交接班

接班人提前30min到井场巡回检查工作。巡回检查路线为：仪器房→场地→钻台→泵房→钻井液4号罐→钻井液1号罐→高架槽(缓冲槽)→振动筛→信号电缆及样品气管线→仪器房。

交接班重点内容：井深与钻具管理，各类传感器、脱气器、信号电缆及气管线、报警装置的完好情况，仪器运转情况，上一班存在的问题和下一班的重点工作。

2）日常工作

负责录井过程中按照设备操作规程使用、操作各类仪器仪表及维护保养工作，负责各类仪器录井资料的采集、整理工作等，确保录井任务的顺利完成。

6. 评价录井工程师职责

负责各项评价录井项目的仪器安装和拆卸，仪器的维护、保养及调试，仪器标定、校验、检修等工作；采集、处理、分析岩石样品，记录、提交评价录井参数、图件和解释结论。

二、录井设备

按设计或合同要求配备综合录井仪器房、气测录井仪器房、地质值班房及定量荧光、岩石热解地球化学、岩石热蒸发烃气相色谱、轻烃、核磁共振、X射线衍射矿物、X射线荧光元素、自然伽马能谱、岩屑成像、岩心扫描、泥(页)岩密度及碳酸盐含量分析仪器。

所有的录井仪器设备应具有检验合格证、设备档案、操作规程，标定记录、校验记录，重要部件维修和更换记录，设备运行、保养记录。各类仪器备件、常用耗材、分析试剂等储备齐全。

(一)综合录井队设备配备

综合录井队仪器设备配备要求见表1-1。

表1-1 综合录井队仪器设备配备

项目	序号	内　　容
综合录井仪器房	1	具备观察窗、逃生门(窗)、配电系统、不间断电源
	2	具备室内可燃气体或烟雾检测装置,并带室外声光报警系统
	3	配置消防器材、漏电保护装置、安全标识、空调
	4	出厂年限在10年以内
地质值班房	5	具备观察窗、荧光室、烤箱、排风系统、逃生门(窗)等,且符合安全要求
	6	配置消防器材、漏电保护装置、安全标识、空调
气体分析系统	7	全烃分析最小检测浓度0.001%(甲烷),测量范围0.001%~100%(甲烷)
	8	组分分析C_1—nC_5,最小检测浓度0.001%(甲烷),测量范围0.001%~100%,分析周期不超过30s
	9	CO_2分析最小检测浓度0.2%,测量范围0.2%~50%
	10	色谱仪出厂年限在10年以内
	11	脱气器转速不低于1200r/min,配备三脚锥形搅拌棒
数据采集系统	12	绞车、悬重、立压、套压、扭矩、转盘转速、泵冲、池体积、出入口电导率、出入口密度、出入口温度、硫化氢、出口流量等16种传感器(防爆)
	13	具备40个数据通道,且数据通道可扩展,采集速率10Hz,存储间隔1s
	14	实时数据可以实现网络共享,可与第三方数据链接,实现数据远程传输、数据网上发布和应用功能
	15	数据采集处理机:主频1GHz及以上,1GB内存,500GB硬盘及以上配置
	16	数据处理应用软件提供地层压力监测程序、井斜数据计算程序、钻头使用报告程序、水力学计算程序、综合录井图绘制程序和气体分析软件等
	17	数据采集软件性能稳定,软件包含计算机操作系统、录井数据采集(联机)系统,实时数据和曲线回放
	18	使用年限在10年以内
资料处理系统	19	资料处理机:主频3.0GHz及以上,四核四线程以上,4GB内存(独立显卡)或8GB内存(集成显卡),2TB硬盘及以上配置;操作系统为Windows7及以上
	20	资料处理软件:资料采集处理解释应用软件符合Q/SY 01128—2020《录井资料采集处理解释规范》
	21	数据库的建立应具有时间数据库和深度数据库
	22	可实现"随钻地质录井图"连续打印
	23	使用年限在8年以内
辅助设备	24	荧光分析仪、双目显微镜、天平、打印机、FID配氢气发生器、空气压缩机,TCD配氦气,荧光对比标准系列、3m和15m钢卷尺、分级筛及其他工具等

(二)气测录井队设备配备

气测录井队仪器设备配备要求见表1-2。

表 1-2 气测录井队仪器设备配备

项目	序号	内　　容
气测仪器房	1	具备观察窗、逃生门(窗)、配电系统、不间断电源
	2	配置消防器材、漏电保护装置、安全标识、空调
	3	出厂年限在 10 年以内
地质值班房	4	具备观察窗、荧光室、烤箱、排风系统、逃生门(窗)等，且符合安全要求
	5	配置消防器材、漏电保护装置、安全标识、空调
气体分析系统	6	全烃分析最小检测浓度 0.001%(甲烷)，测量范围 0.001%~100%(甲烷)
	7	组分分析 C_1-nC_5，最小检测浓度 0.001%(甲烷)，测量范围 0.001%~100%，分析周期不超过 30s
	8	CO_2 分析最小检测浓度 0.2%，测量范围 0.2%~50%
	9	色谱仪出厂年限在 10 年以内
	10	脱气器转速不低于 1200r/min，配备三脚锥形搅拌棒
数据采集系统	11	绞车、悬重、泵冲 3 种传感器
	12	具备 4 个数据通道，且数据通道可扩展
	13	气测仪采集的实时数据可以实现网络共享，可与第三方数据链接；实现数据远程传输、数据网上发布和应用功能
	14	数据采集处理机：主频 1GHz 及以上，1GB 内存，500GB 硬盘及以上配置
	15	数据采集软件性能稳定，软件包含计算机操作系统、录井数据采集(联机)系统，实时数据和曲线回放
	16	使用年限在 10 年以内
资料处理系统	17	资料处理机：主频 3.0GHz 及以上，四核四线程以上，4GB 内存(独立显卡)或 8GB 内存(集成显卡)，2TB 硬盘及以上配置；操作系统为 Windows7 及以上
	18	资料处理软件：资料采集处理解释应用软件符合 Q/SY 01128—2020《录井资料采集处理解释规范》
	19	数据库的建立应具有时间数据库和深度数据库
	20	可实现"随钻地质录井图"连续打印
	21	使用年限在 8 年以内
辅助设备	22	荧光分析仪、双目显微镜、天平、打印机、FID 配氢气发生器、空气压缩机、TCD 配氢气，荧光对比标准系列，3m 和 15m 钢卷尺、分级筛及其他工具等

(三)地质录井队设备配备

地质录井队仪器设备配备要求见表1-3。

表 1-3　地质录井队仪器设备配备

项目	序号	内　　　容
地质值班房	1	具备观察窗、荧光室、烤箱、排风系统、逃生门(窗)等,且符合安全要求
	2	配置消防器材、漏电保护装置、安全标识、空调
地质参数仪	3	绞车、悬重、泵冲3种传感器
	4	具备4个数据通道,且数据通道可扩展
	5	地质参数(数据)仪采集的实时数据可以实现网络共享;可与第三方数据链接;实现数据远程传输、数据网上发布和应用功能
	6	数据采集处理机:主频1GHz及以上,1GB内存,500GB硬盘及以上配置
	7	数据采集软件性能稳定,软件包含计算机操作系统、录井数据采集(联机)系统,实时数据打印或回放
	8	使用年限在10年以内
资料处理系统	9	资料处理机:主频3.0GHz以上,四核四线程以上,8GB内存(独立显存)或8GB内存(集成显存),2TB硬盘及以上配置;操作系统为Windows7及以上
	10	资料处理软件:资料采集处理应用软件符合Q/SY 01128—2020《录井资料采集处理解释规范》
	11	数据库的建立应具有时间数据库和深度数据库
	12	出厂年限在8年以内
辅助设备	13	荧光分析仪、双目显微镜、天平、3m和15m钢卷尺、分级筛及其他工具等,荧光对比标准系列

第二节　录井条件

一、井场布置

井场应提供放置仪器房和地质房的安全平整场地,在面对井架大门右侧靠近振动筛方向,距井口距离不小于30m,距振动筛15~20m,录井仪器房靠近井口端,沙漠、沼泽等地区应有摆放仪器房的水泥平台。

二、井场环境

(1)井场应提供危险区域图、逃生路线图和紧急集合点,并有明显的防火、防硫化氢及防爆标志和风向标。

(2)录井仪器房和地质房在井场用电应设置专线,并标注清楚,要求供电线电压380×(1±10%)VAC或220×(1±10%)VAC,频率50Hz±2Hz。

(3)井场应提供满足清洗砂样和岩心所需的清水,水源接至洗样处,洗、晒岩样位置适当、方便进出。

(4)在钻井液高架管出口与振动筛之间,应提供适合安装出口传感器和脱气器的专用钻井液缓冲罐,缓冲罐尺寸不小于长130cm×宽60cm×深150cm。罐底设有排砂口和排砂开关。

(5)振动筛前或钻井液高架管出口处应提供良好的捞砂样条件,钻井液高架槽坡度为3°±0.5°,高架槽靠场地一侧应铺设防滑踏板、安装梯子及护栏。

（6）捞取、清洗、晾晒岩样位置应安装防爆照明设施。

（7）在钻井液循环罐顶面应提供适合安装池体积传感器的开口，开口直径不小于30cm。

（8）在钻井液吸入罐顶面应提供适合安装入口传感器的开口，开口尺寸不小于80cm×60cm。

（9）在钻井液高架管线靠近井口2~4m处，应提供安装出口排量传感器的开口，开口尺寸24cm×8.4cm。

（10）在地面高压管汇或钻台高压立管上，应留有安装立管压力传感器匹配的接头。

（11）在防喷器节流管汇上，应留有安装套管压力传感器匹配的接头。

三、室内环境

（一）仪器房温度控制系统技术指标

（1）适应环境温度：−40~60℃。

（2）室温控制范围：0~30℃。

（3）室内相对湿度：≤80%。

（二）不间断供电系统技术指标

（1）输入电压：220×（1±10%）VAC。

（2）输入频率：50Hz±2Hz。

（3）输出电压：220×（1±5%）VAC。

（4）输出频率：50Hz±1Hz。

（5）续电时间：额定负载情况下不小于20min。

第二章　地质录井

地质录井是钻井过程中采集、分析地下地质资料，建立井筒地层剖面的作业。地质录井包括钻时录井、岩屑录井、钻井取心录井、井壁取心录井、荧光录井、钻井液录井。

第一节　钻时录井

钻时录井是在钻井过程中系统地记录钻时并收集与其有关的各项资料的作业。采集参数为井深、钻时，收集钻井工程参数。

一、钻时及钻时曲线绘制

(一)钻时概念

钻时是钻头钻进单位进尺地层所需要的时间。钻时的大小取决于地下岩石的可钻性和钻井工程参数。岩石的可钻性反映岩石的岩性、致密程度及孔隙缝洞发育情况，钻井工程参数包括钻压、转速、泵压、排量、钻头类型、磨损情况及钻井液性能等。

(二)钻具管理

1. 钻具

钻井井下工具的统称，包括钻头(磨鞋)、接头、钻铤、钻杆及特殊工具等。

2. 钻具丈量

应使用刻度标准、无变形的钢卷尺丈量钻具。丈量钻具时三人为一组，一般从钻具外螺纹端起始，把钢卷尺的零位刻度与外螺纹的台肩对齐，确保钢卷尺平直与钻具中线重合，一次性丈量单根钻具长度，读取内螺纹端对应的刻度，单根允许的测量误差小于±0.005m，采取四舍五入方法进行读数，记录精确到0.01m。

钻具丈量后，丈量人交换位置重新丈量、核实丈量数据。用白漆在每根钻具靠近内螺纹端的本体上标注编号、长度，并复查每根钻具的编号、长度。及时、准确填写"钻具丈量记录"，保存至本井完井。

3. 钻具管理

钻具管理要做到五清楚：钻具组合清楚、钻具总长清楚、方入清楚、井深清楚和下接单根清楚，每次起下钻核实、填写"钻具组合记录"。三对口：钻井、录井与实物数据一致，做到入井钻具顺序与记录数据一致，钻井、录井记录数据一致。一复查：每次倒换钻具后应全面复查钻具，倒换钻具应记录清楚，严把钻具倒换关，确保井深准确无误。

不合格或替换下来的钻具应单独摆放，并在钻具本体内螺纹端和"钻具丈量记录"上标记清楚。

(三)井深计算

井深计算以钻具长度为基准，单位为m，保留2位小数。

方入指方钻杆进入转盘面以下的长度，单位为m，保留2位小数。

钻具总长＝钻头长度＋接头长度＋钻铤长度＋钻杆长度＋其他特殊钻具，单位为 m，保留 2 位小数。

井深＝钻具总长＋方入，单位为 m，保留 2 位小数。

井深校正指钻进中每单根或立柱校正一次仪器测量井深，仪器测量井深与钻具计算井深每单根误差不大于 0.20m，不能有累计误差。每次起下钻前后，应实测方入校对井深。

(四)记录钻时

自动记录仪器采集钻时资料，人工采集钻时资料需填写"钻时记录"。钻时采集、记录间距为 1 点/m。

钻时的单位为 min/m，保留 1 位小数。

现场根据卡取层位需要，可加密为 0.5m、0.2m、0.1m 的间距记录"微钻时"，以获得对薄层地层的放大效果，便于更准确卡取地层层位。微钻时资料仅在现场使用，不上交资料。

(五)钻时曲线的绘制方法

钻时曲线的绘制以井深为纵坐标，钻时为横坐标，将每个钻时点按纵、横比例尺绘在图上，逐点连接成折线。纵向比例尺为 1:500，横向比例尺可视钻时大小、变化和图幅规格而定，可设置第一比例(用实线表示)、第二比例(用虚线表示)。

二、钻时录井应用

(一)钻时影响因素

1. 岩石可钻性

成岩性差的松软地层及孔隙、缝洞发育的疏松地层岩石可钻性好，钻时少；成岩性好及孔隙、缝洞不发育的坚硬、致密地层岩石可钻性差，钻时多。

2. 钻井工程参数

(1)钻井参数：一般情况下，钻压大、转速快、泵压大、排量大，钻头对岩石破碎效率高，钻时少；反之，钻时多。

(2)钻头及其新旧程度：钻头选择与岩石可钻性有关，一般情况下牙轮钻头和 PDC 钻头分别适用于不同岩性的地层，同一只新钻头比旧钻头钻进时的钻时少。钻头泥包时，钻时明显变多。

(3)钻井方式：一般情况下，地面动力与井下动力复合钻进比单一地面动力钻进的钻速快，钻时少。

(4)钻井液性能：一般情况下，钻井液密度低、黏度低，钻进速度快，钻时少；反之，钻时多。

(二)钻时资料应用

1. 辅助判断岩性

在钻井工程参数不变的情况下，钻时的多少主要取决于岩性的变化。钻时少的地层可钻性好，可以结合区域地层和邻井剖面的岩性分布情况，辅助判断钻遇地层岩性。一般来说，疏松砂岩比泥岩的钻时少，碎屑岩比碳酸盐岩、岩浆岩、变质岩的钻时少。

2. 辅助划分储层

孔隙发育的疏松砂岩比致密砂岩的钻时少，裂缝、孔洞发育的碳酸盐岩、岩浆岩、变质岩比裂缝、孔洞不发育的碳酸盐岩、岩浆岩、变质岩的钻时少。在同一层位、相同岩性情况下，可根据钻时多少辅助划分储层。

3. 卡取心层位

在钻井过程中，参考预测地质剖面，根据钻时或微钻时变化情况，辅助判断岩性变化和寻找储层，及时停钻循环观察，落实岩性、油气显示，以便决定是否进行钻井取心。在取心钻进过程中，跟踪微钻时变化情况，分析判断可能钻遇的岩性和储层物性，确定割心位置。

第二节　岩屑录井

一、概念

地下岩石被钻头破碎后形成的岩块称为钻屑，随钻井液上返到地面的钻屑称为岩屑。按照一定的取样间距和迟到时间，在钻井液出口处连续收集返出的岩屑，进行观察描述、综合解释，恢复井下地质剖面的作业称为岩屑录井。岩屑录井是现场录井工作的基础，通过岩屑录井掌握井下地层层序、岩性组合、含油气情况等地质信息。岩屑录井具有成本低、速度快、了解地下情况及时、资料系统性强等优点。岩屑录井采集资料主要包括层位、井段、岩性定名、岩性及含油性描述、定名岩屑占岩屑百分含量、含油岩屑占定名岩屑百分含量、荧光湿照、干照、滴照颜色和荧光系列对比级别等。

二、迟到时间确定

岩屑迟到时间指岩屑从井底随钻井液上返到地面所需的时间，单位是 min，保留整数。要准确录取岩屑，必须做到井深准、迟到时间准。迟到时间测定方法有理论计算法、实物测量法。

(一)理论计算法

理论计算法的计算公式为：

$$T = \frac{V}{Q} = \frac{\pi(D^2 - d^2)}{4Q} H \qquad (2-1)$$

式中：T 为岩屑迟到时间，min；V 为井筒环空容积，m^3；Q 为钻井泵排量，m^3/min；D 为井眼直径，m；d 为钻杆(钻铤)外径，m；H 为井深，m。

理论计算法把井眼当成一个以钻头直径为井眼直径的圆筒，而实际井径极不规则。由于裸眼井壁坍塌，大部分井段井眼直径大于钻头直径，少部分缩径井段的井眼直径略小于钻头直径。岩屑在随钻井液上返过程中受重力作用上返速度慢，加上井眼扩径影响，因此理论计算的迟到时间一般小于实际迟到时间。在实际工作中，理论计算的迟到时间主要用于辅助确定岩屑迟到时间。理论计算的"迟到时间记录"，应保存至本井完井。

(二)实物测量法

1. 迟到时间测量要求

(1)自目的层前 200m 开始测量至完钻，井深小于 3000m，至少每 100m 测量一次；井深大于 3000m，至少每 50m 测量一次。

(2)非目的层，井深在 1500m 前，至少测量一次；井深在 1501~2500m 之间，至少每 500m 测量一次；井深在 2501~3000m 之间，至少每 200m 测量一次；井深大于 3000m，至少每 100m 测量一次。

2. 迟到时间测量方法

目的层井段岩屑迟到时间主要依据实物测量法确定。测量指示剂一般可选用与岩屑大小、密度相近而颜色与岩屑不同、色彩鲜艳的物质，如红砖块、白陶瓷块等。接单根时从井口将适量的指示剂投入钻杆内，记录投入后的开泵时间；指示剂从井口随钻井液经钻杆内到达井底的时间称为下行时间，又从井底随钻井液沿环形空间上返至地面的时间称为上行时间，从开泵到在高架槽或振动筛发现指示剂的时间称为循环一周时间。指示剂从井底到地面的上行时间即为迟到时间，计算公式如下：

$$T = T_{循环} - T_0 \tag{2-2}$$

式中：T 为岩屑迟到时间，min；$T_{循环}$ 为循环一周时间，min；T_0 为下行时间，min。

T_0 计算公式：

$$T_0 = \frac{V_1 + V_2}{Q} \tag{2-3}$$

式中：V_1 为钻杆内容积，m^3；V_2 为钻铤内容积，m^3；Q 为钻井泵排量，m^3/min。

若实物测量迟到时间小于理论计算值，则需重新测量。及时、准确填写"迟到时间测量记录"，保存至本井完井。

（三）迟到时间确定

在现场录井工作中，以实物测量的迟到时间为主，同时参考理论计算的迟到时间，综合确定岩屑迟到时间。在浅层或特殊情况下实物测量的迟到时间不成功，可直接使用理论计算值。每次开钻时（换用不同钻头直径钻进）应重新计算、实测和确定迟到时间。

（四）迟到时间校正

实际工作中可利用特殊岩性来校正岩屑迟到时间，一般情况下特殊岩性的钻时与围岩的钻时差别大。例如，在大段泥岩中的砂岩、碳酸盐岩等特殊岩性夹层，通过确定钻到特殊岩性的时间和发现特殊岩性岩屑的时间来校正迟到时间先将钻时忽然变小或变大的时间记下，根据预计的返出时间，在振动筛前寻找特殊岩性，并记录特殊岩性出现的时间，两者的差值即为该井深的实际岩屑迟到时间。

三、岩屑采集整理

（一）岩屑录取时间

（1）未停泵或变泵时，按式（2-4）计算岩屑录取时间：

$$T_2 = T_3 + T_1 \tag{2-4}$$

式中：T_2 为岩屑录取时间，min；T_3 为钻达时间，min；T_1 为岩屑迟到时间，min。

（2）变泵时间早于钻达时间时，按式（2-5）计算岩屑录取时间：

$$T_2 = T_3 + T_1 \frac{Q_1}{Q_2} \tag{2-5}$$

式中：Q_1 为变泵前的钻井液排量，m^3/min；Q_2 为变泵后的钻井液排量，m^3/min。

（3）变泵时间晚于钻达时间但早于岩屑录取时间时，按式（2-6）计算岩屑录取时间：

$$T_2 = T_4 + (T_5 - T_4)\frac{Q_1}{Q_2} \qquad (2-6)$$

式中：T_4 为变泵时间，min；T_5 为变泵前录取时间，min。

(二) 岩屑录井要求

1. 录井井段及间距

(1) 录井井段：按钻井地质设计执行，在设计录井井段之前钻遇油气显示或有其他特殊情况，需要提前进行岩屑录井。

(2) 录井间距：原则上执行钻井地质设计，钻井取心钻进时正常进行岩屑录井工作。现场录井时应根据实钻剖面的变化调整录井间距，在非目的层钻遇含油气层及特殊地层应加密取样。

2. 常规钻井条件下岩屑捞取

(1) 取样位置：在高架槽内或振动筛下取样，一口井应在同一位置取样。

(2) 根据岩屑沉淀情况选择在高架槽内的挡板前或振动筛下的接砂板上取样。一般岩屑颗粒大、致密或密度较小时，则适合在振动筛下取样；若岩石疏松、颗粒细小或岩屑呈粉末状，则适合在高架槽内取样。振动筛前合适位置放置足够大的接砂板，确保岩屑连续落在接砂板上。在高架槽中的末端 (靠近振动筛一侧) 放一个挡板，挡板高度适中以能挡住岩屑即可。

(3) 按照岩屑返出时间，在固定位置捞取岩屑。当岩屑量少时，全部捞取；当岩屑量较多时，采用"十字分割法"从顶到底取样，垂直切取岩屑的 1/2 或 1/4。每次取样后应将剩余岩屑清理干净。

(4) 岩屑捞取的数量，一般情况下每包岩屑干样质量不少于 500g，装入一个岩屑袋中。区域探井或特殊井有挑样任务时，分正、副样装袋，正样直接上交保存，副样做岩屑描述、挑样使用。

(5) 起钻前应循环钻井液，待最后一包岩屑捞出后方可起钻。若起钻井深不是整米数，井深尾数大于 0.2m 时，则应捞取岩屑并注明井深，待再次下钻钻至取样点时捞取岩屑，与起钻前捞取的岩屑合并成一包。遇特殊情况起钻，未取全的岩屑，下钻钻进前应补取。钻遇特殊层段，取不到岩屑时，应及时采取措施；井漏或其他原因未取到岩屑时，要注明井段及原因。钻井取心井段的岩心收获率低于 80% 时，应按正常岩屑录井要求保存、描述、上缴岩屑实物、资料。

3. 槽面油气显示

取样时应仔细观察槽面的油气显示情况，收集资料包括：

(1) 出现显示时的井深、迟到时间，出现显示时间、高峰时间、消失时间，显示类型 (油花、气泡)、钻井液密度、黏度和颜色变化情况。

(2) 油花的颜色、分布状态 (如片状、条带状、星点状)、占槽面百分比。

(3) 气泡的大小、形状 (如针孔状、小米粒状)、分布状态 (密集、稀疏) 及占槽面百分比。

(4) 油气味类型 (如芳香味、硫化氢味) 和气味浓烈程度 (浓、较浓、淡、无)。

(5) 槽面上涨情况，槽内钻井液流动状态。

(6) 钻井液外溢情况——钻井液外溢时间、外溢液量、外溢速度。

（7）取气体样品进行点火试验的可燃性（可燃、不燃）、燃烧现象（火焰颜色、高度）。

4. 侧钻井岩屑捞取

对于侧钻井，从开始侧钻就捞取观察样，发现侧钻出原井眼地层，按取样要求连续取样，编号自原编号顺延。

（三）岩屑清洗

常规钻井条件下的水基钻井液钻井，岩屑捞取后应立即用清水清洗干净，除去杂物和明显掉块，清洗岩屑直至露出岩石本色为止。清洗用水要洁净，严禁油污，严禁水温过高，冬季水温应保持在冰点以上。细小、粉末状岩屑和密度较轻的岩屑（如煤层、碳质页岩等）采用漂洗法清洗，取样盆盛满水后静置一会，缓缓将水倒掉，以免将悬浮的岩屑冲走。反复数次，直至露出岩石本色。

（四）岩屑晾晒

将清洗好的岩屑按井深顺序逐包倒在砂样台上摊开晾干，每包岩屑之间要有空间隔开，标明井深，避免混合和顺序错乱。晾晒时不要过度翻搅（特别是泥岩），以免岩屑的颜色模糊。晾晒含油砂岩时，把水分晒干即可，防止曝晒导致含油显示情况失真。冬季或雨季无法晾晒岩屑时，可采取烘干的方法，温度应控制在 90～110℃ 之间，严禁岩屑被烘烤变质。

（五）岩屑保存

将晾干的岩屑去掉假岩屑（过筛）、描述后，及时装入标有井号、井深的岩屑袋内。将装好的岩屑袋按顺序自左至右、从上到下依次放入专用的岩屑盒内，正、副样岩屑分别装盒。岩屑装盒后，贴上标有井号、盒号、井段、包数等内容的岩屑盒标签。装副样袋的盒上标明"副样"。岩屑盒（箱）置于室内妥善保管，防止日晒、雨淋、受潮、鼠害、倒乱、丢失、污染。完井后填写"样品入库清单"，连同岩屑实物一并送交岩屑库。

四、岩屑识别及描述要求

（一）识别真假岩屑

观察岩屑的色调和形状：新钻开地层的岩屑色调新鲜，颗粒大小较均匀，形状多呈小块状或片状，棱角分明；假岩屑为上部井段的掉块，在井内棱角往往被磨成圆形，岩屑表面色调模糊，岩块较大。由于岩性和胶结程度的差别，在形状上也会存在差异，如软泥岩常呈椭球状，泥质胶结的疏松砂岩呈豆状或散砂状。

（二）岩屑描述基本要求

岩屑洗净后，立即对湿样进行粗描，及时、准确填写"岩屑草描记录"；需要选送岩屑样品的，按要求取样，及时、准确填写"样品入库清单"。晾（烘）干后及时对过筛的岩屑进行细描，岩屑描述的重点是储层的含油情况，石油在地下岩层中，游离状态富集在孔隙型储层的孔隙中和缝洞型储层的缝洞中，其中孔隙型储层包括碎屑岩和火山碎屑岩类，缝洞型储层包括碳酸盐岩、岩浆岩、变质岩类。泥岩裂缝中虽然可以含有一定量的石油，但由于其连通性差，一般情况下不把泥岩看作为储层。

五、岩屑描述方法

（一）大段摊开，宏观细找

在描述前，先将数袋岩屑（如 15～20 袋）大段摊开，稍远距离观察岩屑，大致找出颜色和岩性的界限，避免孤立地看一袋岩屑。

（二）远看颜色，近查岩性

岩屑中颜色混杂，远看视线开阔，易于区分颜色界线。近距离观察岩性、成分、结构、构造、含有物、含油性等特征。

（三）干湿结合，挑分岩性

岩石颜色描述以晒干后的色调为准。湿岩屑的颜色和一些细微结构、层理等格外清晰明显，易于区分。描述岩性时，应挑出每包岩屑中的不同岩性成分，进行对比和估计岩屑百分含量。

（四）逐包定名，分层描述

依据岩性、颜色和含油性的变化，上追顶界、下查底界，逐包进行岩性定名并按层描述。岩屑描述后，参考钻时、气测和测井曲线对地层进行井深归位，若岩性不符则应复查岩屑、重新描述。

六、岩屑描述分层

（一）分层原则

以新成分的出现和百分含量的变化为分层总原则，岩性、颜色、含油性等不同时均要分层描述。

（二）分层步骤

（1）摊开岩屑远看颜色，根据颜色的宏观变化，进行初步分层。

（2）近看岩性及含油情况的细微变化，进行细致分层。目估百分比，根据新成分的出现及其含量变化划定分层界线。

（三）分层方法

（1）观察岩屑中新成分的出现：在连续捞取岩屑中，如果发现有新成分出现，则标志着新地层的开始，新成分含量逐渐增加至最大值，则代表这个地层的结束和下一个新地层的开始。即使开始出现的数量很少（一些薄岩层），特别是见到仅一颗或数颗的含油岩屑、特殊岩性，只要是新成分，也要分层定名。

（2）识别岩屑百分比的变化：对于由两种或两种以上岩性组成的地层，观察各个岩性成分的岩屑百分含量的增减来判断分层界线。相同岩性百分含量增加，表示该层的持续；含量开始减少，表示该层的结束。两种岩性百分含量等量，或频繁对应增减，为两种岩性互层特征。

（3）对于易流失、易溶蚀的岩性，如石膏、可塑性泥页岩、盐岩等，应参考钻时、钻井液性能、邻井岩性剖面等，进行综合分析后分层。

七、岩屑岩性定名

岩屑岩性定名原则：按"颜色+含油级别+特殊含有物+岩性"的内容和顺序对岩石进行定名。多数情况下，无特殊含有物时，常用三级定名：颜色+含油级别+岩性。

（一）碎屑岩定名

1. 按成分含量定名

含量不小于50%，以该成分定岩石的基本名，以"××岩"表示，如石英砂岩。

含量不小于25%且小于50%，以"××质"表示，写在基本名称之前，如石英质长石砂岩。

含量不小于10%且小于25%，以"含××"表示，写在最前面，如含长石石英砂岩。

含量小于10%，不参与定名，应描述。

含量均小于50%，则采用复合定名原则，即把含量不小于25%且小于50%的成分联合起来定岩石的基本名称，如长石岩屑砂岩。

2. 按颗粒粒径定名

碎屑岩按颗粒粒径分类，见表2-1。

表2-1 碎屑岩按颗粒粒径分类表

分类		主要颗粒直径 d（mm）
砾岩	巨砾	$d \geq 1000$
	粗砾	$1000 > d \geq 100$
	中砾	$100 > d \geq 10$
	细砾	$10 > d \geq 1$
砂岩	粗砂	$1.00 > d \geq 0.50$
	中砂	$0.50 > d \geq 0.25$
	细砂	$0.25 > d \geq 0.10$
	粉砂	$0.10 > d \geq 0.01$

均一碎屑岩定名：主要粒径颗粒含量大于75%为均一碎屑岩，按主要粒径大小定名，如细砾岩、粗砂岩。

不均一碎屑岩定名：按主次粒径颗粒含量定名。细粒为主，粗粒次之，用"状"表示，如砾状砂岩、粗砂状细砂岩等。粗粒为主，细粒次之，以"质"表示，如细砾质粗砾岩、粉砂质细砂岩等。主次粒级数量相差较大，次级用"含"表示，如含砾粉砂岩、含砂砾岩等。特殊成分或特殊沉积结构，其数量大于15%者，参加定名，如鲕状灰岩、含黄铁矿细砂岩、碳质中砂岩等。

3. 填隙物

填隙物是杂基（黏土矿物、白垩土）及胶结物（泥质、灰质、白云质、膏质、铁质、硅质）的合称。含量不小于25%小于50%者，参与定名，用"质"表示，如泥质粉砂岩、高岭土质细砂岩、泥质细砾岩、白垩土质细砂岩、白垩土质细砾岩、灰质中砂岩、膏质粉砂岩、硅质中砂岩、铁质细砂岩。

（二）泥页岩定名

泥页岩中页状层理发育的称页岩，不发育的称泥岩，主要成分颗粒直径小于0.01mm，一般以黏土矿物为主。

按三级定名原则，根据黏土矿物及其他物质成分（砂或粉砂、方解石、白云石、炭屑、火山灰等）的含量定名。其他物质成分含量不小于25%且小于50%者，用"质"表示；含量不小于10%且小于25%者，用"含"表示；含量小于10%者，不参与定名，应描述，如粉砂质泥岩、含灰泥岩。

（三）碳酸盐岩定名

1. 按成分含量定名

按三级定名原则，根据方解石、白云石和第三种成分（如黏土矿物等）的含量定名，含量少的在前，含量多的在后。主要矿物含量不小于50%定基本名，次要矿物含量不小于25%且小于50%为"质"，不小于5%且小于25%为"含"，小于5%不参与定名、应描述，如方解石含量70%、白云石含量30%定名为白云质灰岩，方解石含量20%、白云石含量70%、黏土矿物含量10%定名为含泥含灰白云岩。

2. 按结构定名

按三级定名原则，根据内碎屑、生物颗粒、鲕粒、球粒、藻粒及灰泥的含量定名，主要颗粒含量不小于50%定基本名，次要颗粒含量不小于25%且小于50%为"质"，少量颗粒含量不小于5%且小于25%为"含"，小于5%不参与定名、应描述，如内碎屑灰岩、含灰泥鲕粒灰岩、灰泥质生粒灰岩、泥质球粒灰岩、灰泥—藻粒灰岩等。

（四）岩浆岩定名

按三级定名原则，根据主要矿物成分和结构、构造定名，如花岗岩、闪长岩、辉长岩、橄榄岩、流纹岩、安山岩、玄武岩、辉绿岩、辉岩、正长岩、粗面岩等。

（五）火山碎屑岩定名

按三级定名原则，根据碎屑粒径和成分、特征定名。

火山碎屑物含量不小于90%：主要粒径不小于100mm定名为集块岩，主要粒径不小于2mm且小于100mm定名为火山角砾岩，主要粒径小于2mm定名为凝灰岩。火山碎屑物含量不小于50%且小于90%：根据粒径不同分别定名为沉积集块岩、沉积角砾岩、沉积凝灰岩等。

（六）变质岩定名

按三级定名原则，根据矿物成分及变质作用、变质程度、结构、构造等特征定名，如石英岩、板岩、大理岩、片麻岩、混合岩、变粒岩、变质砂岩、变余砂岩等。

八、岩屑描述内容

（一）碎屑岩岩屑描述

(1)颜色：以干燥岩屑新鲜面颜色为准，分单色、复合色、杂色三类。单色的颜色均匀，色调单一，有深、浅的变化，如灰色、深灰色、浅灰色。复合色由两种颜色组成，描述时次要颜色在前，主要颜色在后，如绿灰色。杂色由三种或三种以上颜色组成，所占比例相近。描述时，注意区分岩石本色和含油部分的颜色。

(2)成分：重点描述主要和次要矿物成分及含量。主要矿物含量不小于50%描述为"为主"，次要矿物含量不小于20%且小于50%描述为"次之"，含量不小于5%且小于20%描述为"少量"，含量不小于1%且小于5%描述为"微量"，含量小于1%描述为"偶见"，如长石为主、石英次之、微量暗色矿物。

(3)结构：包括颗粒粒径、磨圆度、分选等情况。粒径描述一般粒径颗粒的范围及最大颗粒粒径、最小颗粒粒径，磨圆度分为圆状、次圆状、次棱角状、棱角状，分选情况分为好、中等、差。

(4)胶结物：常见胶结物为泥质、灰质、白云质、硅质、铁质、凝灰质等，胶结程度分为四级：疏松、中等、致密、坚硬。

(5)构造：主要描述层理、层面特征等。

(6)化石：描述化石的种类、形态、数量、完整情况等。

(7)含有物：包括自生矿物、次生矿物，团块、结核等。

（8）物理化学性质：包括硬度、断口、与稀盐酸的反应情况。

（9）含油、荧光情况：描述含油岩屑占定名岩屑百分含量、含油产状，油脂感、油味情况，见表2-2；描述荧光湿照、干照、滴照颜色及百分含量，荧光系列对比级别和颜色等。

表2-2 孔隙型地层岩屑含油级别

含油级别	含油岩屑占定名岩屑百分含量 a（%）	含油产状	油脂感	味
富含油	$a>40$	含油较饱满、较均匀，有不含油的斑块、条带	油脂感较强，染手	原油味较浓
油斑	$5<a\leqslant40$	含油不饱满，多呈斑块状、条带状含油	油脂感较弱，可染手	原油味较淡
油迹	$0<a\leqslant5$	含油极不均匀，含油部分呈星点状或线状分布	无油脂感，不染手	能闻到原油味
荧光	0	肉眼看不见含油，荧光滴照有显示	无油脂感，不染手	一般闻不到原油味

（二）泥页岩岩屑描述

（1）颜色：以干燥岩屑新鲜面颜色为准，分单色、复合色、杂色三类。单色的颜色均匀，色调单一，有深、浅的变化，如灰色、深灰色、浅灰色。复合色由两种颜色组成，描述时次要颜色在前，主要颜色在后，如绿灰色。杂色由三种或三种以上颜色组成，所占比例相近。描述时，注意区分岩石本色和含油部分的颜色。

（2）纯度：指泥岩中砂质、灰质、白云质、膏质、碳质、凝灰质、铝土质、硅质等的含量，估算含量以百分数表示。有碳酸盐含量分析的，灰质、白云质含量用碳酸钙、碳酸镁钙百分含量表示。

（3）物理性质。

软硬程度：分为软、较硬、硬三级。

可塑性：分为好、中等、差三级。

断口形状：平坦状、贝壳状、参差状、鱼鳞状、阶梯状、锯齿状、土状。

（4）页岩要单独描述页理发育情况。

（5）化石：描述化石的种类、形态、数量、完整情况等。

（6）含油、荧光情况：描述含油岩屑占定名岩屑百分含量，见表2-3；描述荧光湿照、干照、滴照颜色及百分含量，荧光系列对比级别和颜色等。

（三）碳酸盐岩岩屑描述

（1）颜色：以干燥岩屑新鲜面颜色为准，分单色、复合色、杂色三类。单色的颜色均匀，色调单一，有深、浅的变化，如灰色、深灰色、浅灰色。复合色由两种颜色组成，描述时次要颜色在前，主要颜色在后，如绿灰色。杂色由三种或三种以上颜色组成，所占比例相近。描述时，注意区分岩石本色和含油部分的颜色。

（2）成分：主要由碳酸盐（方解石、白云石）及酸不溶物（如黏土、砂质、硅质、膏质等）组成，描述时应着重注意自形晶矿物的多少。现场进行碳酸盐成分和含量分析常用稀盐酸法、碳酸盐含量测定法。

（3）结构：包括颗粒（内碎屑、鲕粒、生物颗粒、球粒、藻粒等）、泥、特殊矿物、晶粒及生物格架，肉眼直接观察难以识别的，借助放大镜或显微镜仔细观察。

（4）物理化学性质：包括断口形状、遇稀盐酸反应情况等。断口形状：分为平坦状、贝壳状、参差状、鱼鳞状、阶梯状、锯齿状、土状。

（5）化石：描述化石的种类、形态、数量、完整情况等。

（6）含油、荧光情况：描述含油岩屑占定名岩屑百分含量，见表2-3；描述荧光湿照、干照、滴照颜色及百分含量，荧光系列对比级别和颜色等。

表 2-3　缝洞型地层岩屑含油级别

含油级别	含油岩屑占定名岩屑百分比 a （%）
富含油	$a>5$
油斑	$0<a\leqslant5$
荧光	肉眼看不见含油，荧光滴照见显示

（四）岩浆岩岩屑描述

（1）颜色：以干燥岩屑新鲜面颜色为准，分为单色、复合色。单色的颜色均匀，色调单一，有深、浅的变化，如灰色、深灰色、浅灰色。复合色由两种颜色组成，描述时次要颜色在前，主要颜色在后，如绿灰色。描述时，注意区分岩石本色和含油部分的颜色。

（2）成分：结合镜下鉴定描述，分别估计斑晶和基质所占比例，确定斑晶的矿物成分及含量。常见矿物有斜长石、钾长石、石英、辉石、橄榄石、角闪石、黑云母等。

（3）结构：结合镜下鉴定描述，按结晶程度分为全晶质、半晶质、隐晶质和玻璃质结构；按晶粒形态分为自形晶、半自形晶、他形晶；按晶粒形状分为粒状、柱状、板状、片状、针状、纤维状、放射状；按晶粒大小分为粗晶、中晶、细晶、粉晶。

（4）构造：结合镜下鉴定描述，常见构造有块状构造、带状构造、斑杂构造、流纹构造、气孔构造、杏仁构造、球状构造等。

（5）物理化学性质及风化情况：包括岩屑及断口形状、遇稀盐酸反应情况等。断口形状：平坦状、贝壳状、参差状、鱼鳞状、阶梯状、锯齿状、土状。

（6）含油、荧光情况：描述含油岩屑占定名岩屑百分含量，见表2-3；描述荧光湿照、干照、滴照颜色及百分含量，荧光系列对比级别和颜色等。

（五）火山碎屑岩岩屑描述

（1）颜色：以干燥岩屑新鲜面颜色为准，分为单色、复合色。单色的颜色均匀，色调单一，有深、浅的变化，如灰色、深灰色、浅灰色。复合色由两种颜色组成，描述时次要颜色在前，主要颜色在后，如绿灰色。描述时，注意区分岩石本色和含油部分的颜色。

（2）成分：结合镜下鉴定描述，估计火山碎屑和陆源碎屑的成分及含量。

（3）结构：结合镜下鉴定描述，估计火山碎屑和陆源碎屑的粒径和含量。

（4）物理化学性质及风化情况：包括岩屑及断口形状、遇稀盐酸反应情况等。断口形状：平坦状、贝壳状、参差状、鱼鳞状、阶梯状、锯齿状、土状。

（5）含油、荧光情况：描述含油岩屑占定名岩屑百分含量、含油产状，油脂感、油味情况，见表2-2；描述荧光湿照、干照、滴照颜色及百分含量，荧光系列对比级别和颜色等。

（六）变质岩岩屑描述

（1）颜色：以干燥岩屑新鲜面颜色为准，分为单色、复合色。单色的颜色均匀，色调单一，有深、浅的变化，如灰色、深灰色、浅灰色。复合色由两种颜色组成，描述时次要颜色在前，主要颜色在后，如绿灰色。描述时，注意区分岩石本色和含油部分的颜色。

（2）成分：结合镜下鉴定描述矿物成分及含量。常见造岩矿物有斜长石、钾长石、石英、辉石、橄榄石、角闪石、黑云母等，常见变质矿物有绢云母、绿泥石、白云母、钾微斜长石等。

（3）结构：结合镜下鉴定描述，包括变余结构、变晶结构、交代结构等。

（4）构造：结合镜下鉴定描述，常见构造有变余构造、变质构造、混合构造。变质构造包括块状构造、板状构造、片状构造、千枚状构造、片麻状构造、条带构造等。

（5）物理化学性质及风化情况：包括岩屑及断口形状、遇稀盐酸反应情况等。断口形状：平坦状、贝壳状、参差状、鱼鳞状、阶梯状、锯齿状、土状。

（6）含油、荧光情况：描述含油岩屑占定名岩屑百分含量，见表2-3；描述荧光湿照、干照、滴照颜色及百分含量，荧光系列对比级别和颜色等。

（七）其他岩类岩屑描述

（1）煤层：描述颜色、质地、光泽、含有物及燃烧情况。

（2）油页岩：描述颜色、质地、页理发育情况、含有物、荧光及燃烧情况。

（3）蒸发岩：包括石膏岩、硬石膏岩、盐岩等，描述颜色、成分、硬度、脆性、含有物及化石等。

（八）常见岩石岩屑主要区别

（1）碎屑岩岩屑由颗粒和胶结物两部分组成。颗粒有磨圆现象，胶结物多为泥质和灰质，一般较疏松，碾碎后，胶结物和颗粒明显分离。泥（页）岩若成岩较差，则较软，岩屑常为团块状；若成岩较好，则较硬，岩屑为片状；黏土矿物极为细小，纯泥岩无颗粒感，页岩的页状层理发育。岩浆岩、变质岩是经高温冷凝而成，矿物晶体镶嵌在一起，没有胶结物，岩石致密、坚硬，不易碾碎。碳酸盐岩以结晶矿物为主，岩石致密、坚硬，不易碾碎，遇稀盐酸反应剧烈程度与灰质、白云质含量呈正相关关系。

（2）常见岩屑鉴别特征。

①石灰岩：主要成分为碳酸钙，滴稀盐酸反应强烈，质纯者可全部溶解。性脆，中等硬度，断口平坦，表面清洁。

②白云岩：主要成分为碳酸镁钙，滴冷稀盐酸无反应或反应微弱，加热后反应强烈。性脆，中等硬度，表面清洁。

③含泥灰岩或含泥白云岩：与稀盐酸反应后残液浑浊或有泥质沉淀。

④铝土岩：多为绿灰色、紫红色、灰色，具滑腻感，属铝土硅酸岩类。滴稀盐酸无反应。常见于风化壳顶部，是古风化壳的标志。

⑤玄武岩：属基性火山喷发岩，常见黑绿色或灰黑色，岩屑多为片状或块状，致密坚硬，风化后较软，常见气孔和杏仁状构造。

⑥安山岩：属中性火山喷发岩，多为灰色、绿灰色、灰红色等，岩屑多为片状或块状，致密坚硬，风化后较软，可见气孔和杏仁状构造。

⑦花岗岩：属酸性深层侵入岩，多为浅灰色、浅红色等，主要成分为石英、长石及黑云母，致密坚硬，岩屑多为片状或块状，常见花岗结构。

⑧凝灰岩：主要由火山碎屑沉积而成，表面粗糙，矿物组成及颜色由岩浆类型决定，凝灰质结构，岩屑多为粒状或块状，与稀盐酸不反应。

九、岩屑描述记录

(1)及时、准确填写"岩屑描述记录"。

(2)岩屑描述记录中,序号从1开始,用正整数连续填写。

(3)层位:对应于井段的实钻层位,用地层符号填写组(段),层位相同,可以合并。

(4)井段:填写相同岩性段的顶、底深度。

(5)岩性定名及描述内容相同者,可以合在一起描述;定名为含油和荧光的岩性,填写定名岩屑占岩屑百分比、含油岩屑占定名岩屑百分比,描述中不再叙述。

十、随钻地质录井图

(一)随钻地质录井图绘制要求

开始录井前,通过绘图软件编制"随钻地质录井图"的图头及图框,如图2-1所示。为了便于观看,使用透明纸打印随钻地质录井图。

图 2-1　随钻地质录井图格式

(1)随钻地质录井图内容应包括现场录井的所有项目,各录井项目栏横向宽度按规格绘制,图道位置、高度、宽度除特殊要求外,可根据需要设定;以深度为纵坐标轴,深度比例尺为1:500。图头采用隶书一号字,比例尺采用宋体三号字,其余字体均为宋体五号字。

(2)井深:栏宽度10mm,从录井顶界开始,每50m标注缩略井深,每100m标全井深。

(3)钻时曲线:栏宽度根据需要设置,根据钻时记录数据确定恰当的横向比例,在图头分别标注第一比例尺、第二比例尺。若某井段钻时值太大,可采用第二比例尺,换比例时,第一比例尺和第二比例尺钻时曲线的上、下至少各重复一点。

(4)测井曲线:栏宽度、项目根据需要选取(一般为自然电位曲线或自然伽马曲线和视电阻率曲线或侧向电阻率曲线),中途测井或完钻测井后,及时、准确绘制测井曲线,以便于复查岩性和地层对比。

(5)层位:栏宽度5mm,按实际层位填绘。

(6)颜色:栏宽度10mm,用岩石绘图标准颜色代码填写在相应位置,见表2-4。

表 2-4　岩石绘图颜色代码

序号	颜色代码	颜色名称
1	0	白色
2	1	红色
3	2	紫色
4	3	褐色
5	4	黄色

序号	颜色代码	颜色名称
6	5	绿色
7	6	蓝色
8	7	灰色
9	8	黑色
10	9	棕色
11	10	杂色

注：两种颜色以底圆点相连，如灰绿色为"7.5"，颜色深、浅分别用"+"、"-"号表示，如深灰色为"+7"，浅灰色为"-7"。

(7)岩性剖面：栏宽度30mm，根据岩屑描述记录绘制地层柱状剖面。岩层分层井深及岩层厚度，参考钻时、气体录井等资料综合分析，辅助确定岩性分层界线。含油级别符号按标准图例格式绘制。

(8)取心位置：栏宽度20mm，按实际绘制钻井取心位置和井壁取心位置。油花、气泡、化石及特殊含有物均按标准图例绘制在相应深度位置。

(9)气体录井：栏宽度根据需要设置，确定合适的横向比例尺，用不同颜色及线型绘制全烃曲线、组分曲线。

(10)评价录井：栏宽度根据需要设置，应包括现场录井的评价项目。

(11)工程录井：栏宽度根据需要设置，项目应包括综合录井仪传感器监测的项目及钻井液黏度、氯离子含量。

(12)钻井工况：栏宽度10mm，按标准图标样式标注。将钻井过程中的开钻、接单根、起下钻、划眼、井漏、油气水侵、卡钻等情况，在相应深度位置用符号表示。

(13)测井解释、录井解释：栏宽度10mm，按照标准规定绘制相应符号。

(二)随钻地质录井图应用

1. 提供原始资料

为录井相关单位及时、准确提供现场录井原始资料，以便各单位全面了解钻井施工进度、成果，为下步勘探开发研究部署、及时决策提供依据。

2. 进行地层对比

用随钻地质录井图与邻井录井图对比，可及时了解本井的钻遇层位、岩性组合特征，以便及时校正地质预告，预测油气层及特殊地层位置，指导下步钻井录井工作，防止发生事故和复杂情况，确保施工顺利。

3. 为测井解释提供依据

随钻地质录井图为完井后在测井解释工作中进行岩性标定、油气水层解释提供依据和参考资料。

(三)测井曲线的绘制方法

(1)检查测井图所标深度、基线位置是否正确，重复曲线是否清楚。

(2)在随钻地质录井图相应位置标上所绘曲线的名称、横向比例和单位。

(3)绘制测井曲线时，对好基线、井深，自上而下描绘，并注意随时校正井深；若遇到曲线超出图栏宽度，则可采用第二比例尺绘制，并用虚线表示，第一比例尺、第二比例尺曲线上下各重复 20mm。

(4)需要平移时，应根据情况把曲线平移至合适的位置，用点划线表示平移距离，并标注"平移"字样。

(5)若一口井分数次测井时，则在同一井段只能使用同一次测井曲线，前后两次测井曲线在图上连接处需重复 20mm 左右。

第三节　钻井取心录井

钻井取心录井指用钻井取心工具将地下岩石取至地面，并对取得的岩石进行分析、研究，获取各项地质资料的作业。钻井取心根据所用钻井液的不同，分水基钻井液取心和油基钻井液取心两大类，常见的钻井取心方式为水基钻井液条件下的常规取心和密闭取心。钻井取心录井采集资料包括层位、筒次、取心井段、进尺、心长、收获率、含油气岩心长度(饱含油、富含油、油浸、油斑、油迹、荧光、含气、累计含油气岩心长度)、岩心编号、磨损情况、岩心累计长度、岩样编号、岩性定名、岩性及含油气水描述、荧光湿照颜色、荧光滴照颜色和荧光对比级别等。

一、取心准备

(一)钻井取心原则

(1)预探井钻探目的层及新发现的油气显示层，评价井或资料井落实油气藏的性质、规模、油水界面等。

(2)落实生油指标、地层岩性、完钻层位等。

(3)邻井岩性、电性关系不明，影响测井解释精度的层位。

(4)落实区域上变化较大或特征不清楚的标志层、断层、地层界面等特殊地质任务要求。

(二)取心准备

(1)进行地层对比，落实取心层位。

在钻井过程中，根据地质设计的取心原则或建设方的要求，通过精细地层对比，准确确定取心层位和深度。常用的随钻地层对比方法包括标准层或标志层对比法、岩性和岩性组合对比法、沉积旋回对比法、测井曲线特征对比法等。

(2)准备取心、出心、整理及描述岩心所需的器材和分析试验用品、试剂。

(3)了解取心工具的性能。

(4)卡取心位置。

根据预测的取心层位、井深，密切注意钻时变化，适时提出停钻进行地质循环，观察、落实岩性和油气显示。若符合取心要求则立即提出钻井取心建议。

(5)配合钻井队完成取心前的各项准备工作。

二、取心过程

(1)决定钻井取心起钻前、下钻到底取心钻进前、取心钻进结束割心前，要核实井深、钻具组合及长度，准确丈量方入。应在钻头接触井底、钻压为 20～30kN 的相同条件下进行丈量方入。

（2）在取心钻进过程中，可采用微钻时，加密捞取观察岩屑，及时发现岩性、物性变化情况，落实岩性和油气显示。

（3）在取心钻进过程中，监督钻井队不能随意上提、下放钻具，杜绝长时间磨心。

（4）合理安排取心进尺，取心进尺应小于岩心筒内筒长度0.50m以上。选择合适的割心位置，一般选择在钻时较大的泥岩或致密岩性段割心，防止储层岩心碎裂、脱落，以保证取心收获率。

（5）割心后起钻过程中，操作平稳、防止岩心脱卡掉入井内。

（6）起钻全过程应注意井下情况，观察记录井口钻井液返出情况，发现钻井液返出等情况应及时通知钻井队，采取有效措施。

三、岩心出筒

（1）取心钻头出转盘面立即盖住井口。出心前丈量岩心内筒的顶空、底空。顶空是岩心筒上部无岩心的空间长度，底空是岩心筒下部到取心钻头面无岩心的空间长度。

（2）在接心台上，用专用工具依次取出岩心，先下后上、从右到左，按顺序将岩心逐块放入岩心盒，保证岩心齐全和上下顺序不乱。

（3）出心过程中，要仔细观察岩心表面油气外渗情况，做好记录。

（4）用棉纱或刮刀将含油岩心表面清理干净，无含油显示的岩心用清水清洗干净。

（5）含气试验。若取心层位为含气层，进行岩心含气试验。将储集岩岩心浸入清水下约2cm，观察记录岩心柱面、断面冒气泡大小、产状（串珠状、断续状）、气味、声响程度、持续时间、冒气位置个数及与缝洞的关系，有无H_2S味，冒油花油膜面积等，并用红蓝铅笔圈出其部位，用针管抽吸法或排水法收集气样。详细记录含气试验结果。

（6）及时、准确填写"岩心出筒观察记录"。

四、岩心丈量与整理

（一）岩心丈量

（1）将岩心按自然顺序排好，合理摆放在丈量台上，对紧断裂茬口、磨光面，破碎岩心按岩心直径大小堆放。

（2）用红色记号笔由浅至深在每个自然断块岩心表面画方向线，箭头指向岩心底部，每个自然断块上至少画一个箭头。

（3）用钢卷尺沿方向线由浅至深丈量岩心长度，精确到0.01m。

（4）注明半米、整米记号。在方向线上半米、整米记号处用快干白漆涂成直径1cm的实心圆（或粘贴专用标签），漆干后用绘图墨汁标明距顶半米、整米数值。

（5）在该筒岩心的底端注明单筒岩心长度。

（6）计算岩心收获率。每取一筒岩心均计算单次取心收获率，当一口井取心完毕，计算全井累计岩心收获率。岩心收获率用百分数表示，保留1位小数。

$$岩心（本筒）收获率 = \frac{实取岩心长度（m）}{取心进尺（m）} \times 100\% \tag{2-7}$$

$$岩心（总）平均收获率 = \frac{累计实取岩心长度（m）}{累计取心进尺（m）} \times 100\% \tag{2-8}$$

(二)岩心整理

(1)岩心丈量后,按由浅至深、从左至右的顺序,合理摆放在岩心盒内。

(2)由浅至深、按自然断块的顺序进行编号,编号的密度一般为 0.2m/个。在每一个自然岩心段上,用白漆涂出 3cm×2cm 的长方块(或粘贴专用标签)。

(3)待漆干后用黑色绘图墨水,用带分数形式表示岩心编号,每筒总块数为分母、块数为分子、筒次为倍数,由浅至深依次编号。书写方向应同岩心标示箭头方向线方向一致,并在每筒岩心的首尾填写该筒井段。

(4)对岩心盒进行系统标识,包括井号、筒次、盒号、井段、岩心编号、日期;在单筒岩心底部放置岩心挡板,贴上岩心底部标签,注明井号、盒号、筒次、井段、进尺、心长、收获率、层位、日期。

五、分层原则

(1)岩心丈量、整理后,定名、描述前,对岩心进行分层。

(2)一般岩性厚度不小于 0.1m,颜色、岩性、结构、构造、含有物、含油气情况等有变化时,均应分层描述;厚度小于 0.1m 的一般岩性层,作条带或薄夹层描述,不再分层。

(3)厚度小于 0.1m 且不小于 0.05m 的特殊层,如油气层、化石层及有地层对比意义的标志层或标准层,应分层描述;厚度小于 0.05m 的冲刷、下陷切割构造和岩性、颜色突变面、两筒岩心衔接面及磨光面上下岩性有变化时,应分层描述。

六、岩心定名

岩心定名原则:按"颜色+含油级别+特殊含有物+岩性(成分、结构、构造)"的内容和顺序对岩石进行定名,多数情况下,无特殊含有物时,常用三级定名:颜色+含油级别+岩性。

(一)碎屑岩定名

1. 按成分含量定名

含量不小于 50%,以该成分定岩石的基本名,以"××岩"表示,如石英砂岩。

含量不小于 25% 且小于 50%,以"××质"表示,写在基本名称之前,如石英质长石砂岩。

含量不小于 10% 且小于 25%,以"含××"表示,写在最前面,如含长石石英砂岩。

含量小于 10%,不参加定名,应描述。

含量均小于 50%,则采用复合定名原则,即把含量不小于 25% 且小于 50% 的成分联合起来定岩石的基本名称,如长石岩屑砂岩。

2. 按颗粒粒径定名

碎屑岩按颗粒粒径分类,见表 2-1。

均一碎屑岩定名:主要粒径颗粒含量大于 75% 为均一碎屑岩,按主要粒径大小定名,如细砾岩、粗砂岩。

不均一碎屑岩定名:按主次粒径颗粒含量定名。细粒为主,粗粒次之,用"状"表示,如砾状砂岩、粗砂状细砂岩等。粗粒为主,细粒次之,以"质"表示,如细砾质粗砾岩、粉砂质细砂岩等。主次粒级数量相差较大,次级用"含"表示,如含砾粉砂岩、含砂砾岩等。特殊成分或特殊沉积结构,其数量大于 15% 者,参加定名,如鲕状灰岩、含黄铁矿细砂岩、碳质中砂岩等。

3. 填隙物

填隙物是杂基(黏土矿物、白垩土)及胶结物(泥质、灰质、白云质、膏质、铁质、硅质)的合称。含量不小于25%且小于50%者，参与定名，用"质"表示，如泥质粉砂岩、高岭土质细砂岩、泥质细砾岩、白垩土质细砂岩、白垩土质细砾岩、灰质中砂岩、膏质粉砂岩、硅质中砂岩、铁质细砂岩。

(二)泥页岩定名

泥页岩中页状层理发育的称页岩，不发育的称泥岩。主要成分颗粒直径小于0.01mm，一般以黏土矿物为主。

按三级定名原则，根据黏土矿物及其他物质成分(砂或粉砂、方解石、白云石、炭屑、火山灰等)的含量定名。其他物质成分含量不小于25%且小于50%者，用"质"表示；含量不小于10%且小于25%者，用"含"表示；含量小于10%者，不参与定名，应描述，如粉砂质泥岩、含灰泥岩。

(三)碳酸盐岩定名

1. 按成分含量定名

按三级定名原则，根据方解石、白云石和第三种成分(如黏土矿物等)的含量定名，含量少的在前，含量多的在后。主要矿物含量不小于50%定基本名，次要矿物含量不小于25%且小于50%为"质"，不小于5%且小于25%为"含"，小于5%不参与定名，应描述，如方解石含量70%、白云石含量30%定名为白云质灰岩，方解石含量20%、白云石含量70%、黏土矿物含量10%定名为含泥含灰白云岩。

2. 按结构定名

按三级定名原则，根据内碎屑、生物颗粒、鲕粒、球粒、藻粒及灰泥的含量定名，主要颗粒含量不小于50%定基本名，次要颗粒含量不小于25%且小于50%为"质"，少量颗粒含量不小于5%且小于25%为"含"，小于5%不参与定名，应描述，如内碎屑灰岩、含灰泥鲕粒灰岩、灰泥质生粒灰岩、泥质球粒灰岩、灰泥—藻粒灰岩等。

(四)岩浆岩定名

按三级定名原则，根据主要矿物成分和结构、构造定名，如花岗岩、闪长岩、辉长岩、橄榄岩、流纹岩、安山岩、玄武岩、辉绿岩、辉岩、正长岩、粗面岩等。

(五)火山碎屑岩定名

按三级定名原则，根据碎屑粒径和成分、特征定名。火山碎屑物含量不小于90%：主要粒径不小于100mm定名为集块岩，主要粒径不小于2mm且小于100mm定名为火山角砾岩，主要粒径小于2mm定名为凝灰岩。火山碎屑物含量不小于50%且小于90%：根据粒径不同分别定名为沉积集块岩、沉积角砾岩、沉积凝灰岩等。

(六)变质岩定名

按三级定名原则，根据矿物成分及变质作用、变质程度、结构、构造等特征定名，如石英岩、板岩、大理岩、片麻岩、混合岩、变粒岩、变质砂岩、变余砂岩等。

七、岩心描述

岩心描述内容：颜色、成分、结构、构造、化石及含有物、物理性质、化学性质、孔隙类型、孔隙特征、胶结物、胶结类型、胶结程度、缝洞类型、缝洞特征、充填物、充填程度、缝洞统计，岩层接触关系，含油面积及含油的颜色、饱满程度、产状，油脂感、油气味、滴水试验、原油性质等。

（一）碎屑岩岩心描述

1. 颜色

描述干燥岩心新鲜面颜色，分单色、复合色、杂色三类。

单色：颜色均匀，色调单一，有深、浅的差别，可用"深""浅"来形容，如灰色泥岩、深灰色泥岩、浅灰色细砂岩。

复合色：由两种颜色组成，描述时次要颜色在前、主要颜色在后，如灰白色粉砂岩、绿灰色泥岩。

杂色：由三种或三种以上颜色组成，所占比例相近，如杂色砾岩。

描述时，注意局部或纵向上的颜色变化及色斑、色带的排列、分布情况。颗粒较粗的，写明矿物成分及胶结物原生、次生颜色。含油岩石，应区分原油浸染的颜色和岩石本色，能看到的岩石本色和含油颜色均应描述。

2. 成分

描述矿物的成分、岩块的岩石类型及含量，一般常见的矿物成分有石英、长石、云母和暗色矿物，岩块主要由母岩风化产物、火山碎屑等组成。主要矿物或岩块含量不小于50%描述为"为主"，次要矿物或岩块含量不小于20%且小于50%描述为"次之"，含量不小于5%且小于20%描述为"少量"，含量不小于1%且小于5%描述为"微量"，含量小于1%描述为"偶见"，如长石为主、石英次之、微量暗色矿物。

3. 结构

结构包括颗粒粒径、磨圆度、分选、形状、表面特征等情况。

粒径：描述一般粒径颗粒的范围及最大颗粒粒径、最小颗粒粒径，粒径用"~mm×~mm"表示，如最大粒径为5mm×8mm。

磨圆度：分为圆状、次圆状、次棱角状、棱角状四级。圆状：棱角已全部磨蚀；次圆状：棱角圆滑，已相当磨蚀；次棱角状：棱角较明显，有磨蚀现象；棱角状：棱角尖锐或有轻微磨蚀痕迹。磨圆度不同，用复合级表示，如次圆状—次棱角状，次要级在前、主要级在后。

分选情况：分为分选好、分选中等、分选差三级。主要颗粒含量不小于75%为"分选好"、不小于50%且小于75%为"分选中"、小于50%为"分选差"。

4. 胶结物

常见胶结物有泥质、灰质、白云质、硅质、铁质、凝灰质、膏质、白垩土质、高岭土质等，胶结物含量不小于10%描述为较多、小于10%为较少。

胶结类型：有基底胶结、孔隙胶结、接触胶结和镶嵌胶结，其中接触胶结的储集性能最好。

胶结程度：分为疏松、中等、致密、坚硬四级。疏松：成岩性差，一般以泥质、白垩土质、高岭土质胶结，用手指能搓成粉末状，甚至岩心取出后即成散沙状；中等：一般为泥质或少量灰质、云质、膏质胶结，胶结物较少，锤击易碎，能掰开；致密：一般为灰质、云质、膏质胶结，锤击较易碎、断口棱角清晰；坚硬：一般为铁质、硅质胶结，用锤击不易敲碎，断口棱角锋利。

5. 构造

主要描述层理、层面及其他构造特征。

1) 层理构造

水平层理：描述层理的厚度、界线清晰程度、连续性、层理面上的特征矿物(生物碎片、云母片、黄铁矿等)分布情况。

波状层理：描述层理的厚度、界面清晰程度、连续性、波长、波高及对称性。

斜层理：描述层理的厚度、连续性、界面清晰程度、粒度变化、顶角、底角、形态(直线或曲线)。

交错层理：描述层理的厚度、连续性、倾角、交角、形态。

粒序层理：描述层理的分选情况，由下而上由粗变细(正粒序)或由细变粗(反粒序)的变化规律。

洪积层理：描述层理的分选及垂向上粗细交替情况、层理面特征。

透镜层理：描述层理的厚度纵向变化情况，横向延伸情况。

平行层理：描述层理的厚度、连续性、层理面特征、平行条纹、冲刷痕及逆行沙波层理。

2) 层面构造

波痕：描述波高、波长、缓坡、陡坡的投影距离及沉积物粒度的变化情况。

冲刷痕、压刻痕、侵蚀下切痕：描述外形特征和分布情况。

3) 其他构造

颗粒排列情况：包括砾石排列的方向性、最大扁平面的倾向、倾角，以及与层理的关系；砂粒颗粒排列与成分、层理的关系及颗粒排列是否带韵律性特征等。

擦痕：描述条纹形状、表面性质、表面粗糙程度和透明度。

滑塌构造：描述构造层内外岩性变化情况，层面卷曲或揉皱的形状、大小，变形、撕裂或破碎程度、伴有小断层等。

沙球、沙枕：描述大小、形状等。

虫孔、爬痕、植物根系痕迹：描述形状特征和分布情况。

断层面、风化面：描述特征及产状。

6. 化石

描述化石的种类、形态、数量、保存情况等。

种类：一般指出大类，有古生物鉴定资料可定出属、种。

形态：包括外形、纹饰和个体大小。

数量和分布情况：用丰度表示相对含量多少，若量很少用"个别"表示，不易数清时可用"少量"表示，普遍分布用"较多"表示，数量极多时用"丰富"表示。分布情况有杂乱分散、顺层面富集、成层等。

保存情况：分为完整、较完整、破碎。化石保存若个体完整、轮廓清晰、纹饰可见，称为保存完整；只见部分残体，称为破碎；介于两者之间称为保存较完整。

常见的化石有介形虫、叶肢介，螺类和蚌类的外壳，鱼骨，植物的根茎叶化石及碎片等。

7. 含有物

含有物包括自生矿物、次生矿物，包裹体、结核、斑块等。

自生矿物和次生矿物的晶体：矿物成分、外形、结晶程度、晶粒大小、分布情况。

自生矿物和次生矿物的脉体：矿物成分、脉体宽度、延伸情况、分布情况。

包裹体、结核、斑块等：矿物成分、大小、形状、内部构造及其与层理的关系、分布状况等。

8. 物理化学性质

包括风化程度、硬度、与稀盐酸的反应情况。

9. 地层倾角、断层、接触关系

地层倾角：用三角板和量角器测量岩心地层倾角。

断层：若产状杂乱、有断面擦痕，则为断层的标志。应描述其产状、断面上下的岩性、伴生物（断层泥、角砾）、擦痕、断层倾角等。

接触关系：上下岩层的颜色、成分、结构的接触界面特征。分为渐变接触、突变接触、断层接触、不整合接触、整合接触、缝合线接触。渐变接触指不同岩性逐渐过渡，无明显界限。突变接触指不同岩性分界明显。岩心中如见角砾岩、铝土岩或风化壳等产物，可判断有沉积间断，应描述产状及特征，上下岩层接触面是否起伏不平，再根据上下层面的倾角关系区分是平行不整合还是角度不整合。

10. 含油、荧光情况

描述含油面积、含油产状、饱满程度、含油颜色、油脂感、油味情况，见表2-5；描述荧光湿照颜色、面积、产状，荧光滴照颜色及产状，荧光系列对比级别和颜色等。

表 2-5 孔隙型地层岩心含油级别及特征

含油级别	含油面积占岩石总面积 S（%）	含油饱满程度	颜色	油脂感	味
饱含油	$S>95$	含油饱满、均匀，局部见不含油的斑块、条带	棕色、棕褐色、深棕色、深褐色、黑褐色，看不到岩石本色	油脂感强，染手	原油味浓
富含油	$70<S\leq95$	含油较饱满、较均匀，含有不含油的斑块、条带	棕色、浅棕色、黄棕色、棕黄色。不含油部分见岩石本色	油脂感较强，染手	原油味较浓
油浸	$40<S\leq70$	含油不饱满，含油呈条带状、斑块状不均匀分布	浅棕色、黄灰色、棕灰色，含油部分看不见岩石本色	油脂感弱，可染手	原油味较淡
油斑	$5<S\leq40$	含油不饱满、不均匀，多呈斑块状、条带状分布	多呈岩石本色	油脂感很弱，可染手	原油味很淡
油迹	$0<S\leq5$	含油极不均匀，含油部分呈星点状或线状分布	为岩石本色	无油脂感，不染手	能闻到原油味
荧光	0	肉眼看不见含油	为岩石本色或微黄色	无油脂感，不染手	一般闻不到原油味

对含气、油浸及以上含油级别的岩心应进行二次观察描述：包括岩石颜色变化情况、含油气味变化情况、原油外溢情况等。

含油气岩心描述应结合岩心出筒、整理过程中及二次描述的油气显示，综合叙述其含油气特征，准确定级。

荧光检查：对岩心分别进行荧光湿照、滴照和系列对比分析。

11. 滴水试验

用滴管取清水，将清水滴一滴在岩心平整新断面上，观察 10min 内水滴依附岩石所呈现的形状和渗入情况。

（1）速渗：滴水后立即渗入。

（2）缓渗：滴水后水滴向四周缓慢扩散、缓慢渗入，水滴无润湿角或呈扁平形状。

（3）微渗：滴水后水滴表面呈半珠状或馒头状、微量渗入，润湿角在 60°~90°之间。

（4）不渗：滴水后水滴表面呈珠状、不渗入，润湿角大于 90°。

（二）泥页岩岩心描述

1. 颜色

描述干燥岩心新鲜面颜色，分单色、复合色、杂色三类。

单色：颜色均匀，色调单一，有深、浅的差别，可用"深""浅"来形容，如灰色泥岩、深灰色泥岩。

复合色：由两种颜色组成，描述时次要颜色在前、主要颜色在后，如绿灰色泥岩、灰黄色页岩。

杂色：由三种或三种以上颜色组成，所占比例相近，如杂色泥岩。

描述时，注意局部或纵向上的颜色变化及色斑、色带的排列、分布情况。含油岩石，应区分原油浸染的颜色和岩石本色，能看到的岩石本色和含油颜色均应描述。

2. 纯度

指泥岩中砂质、灰质、白云质、膏质、碳质、凝灰质、铝土质、硅质等的含量，估算含量以百分数表示。

描述为：富含×质（20%~25%）、含×质较多（15%~20%）、含×质中等（10%~15%）、含×质较少（5%~10%）、微含×质（<5%）或不描述。

有碳酸盐含量分析的，灰质、白云质含量用碳酸钙、碳酸镁钙百分含量表示。

3. 物理性质

软硬程度：分为软、较硬、硬三级。

可塑性：分为好、中等、差三级。

断口形状：平坦状、贝壳状、参差状、鱼鳞状、阶梯状、锯齿状。

4. 构造

重点描述泥裂、雨痕、晶体印痕等。

泥裂：描述裂缝形态、上部宽度、深度和充填物等。

雨痕：描述其凹穴形状、大小、深度及分布状况。多为椭圆形或圆形，凹穴边沿耸起，略高于层面。冰雹痕较大且深，形态不规则。

晶体印痕：描述其形状、大小、填充或胶结物质的性质等。

槽模：分布在岩层底面上的一种半圆锥形突起构造。

5. 化石

描述化石的种类、形态、数量、保存情况等。

种类：一般指出大类，有古生物鉴定资料可定出属种。

形态：包括外形、纹饰和个体大小。

数量和分布情况：用丰度表示相对含量多少，若量很少则用"个别"表示，不易数清时可用"少量"表示，普遍分布用"较多"表示，数量极多时用"丰富"表示。分布情况有杂乱分散、顺层面富集、成层等。

保存情况：分为完整、较完整、破碎。化石保存若个体完整、轮廓清晰、纹饰可见，则称为保存完整；只见部分残体，称为破碎；介于两者之间称为保存较完整。

常见的化石有介形虫、叶肢介，螺类和蚌类的外壳，鱼骨，植物的根茎叶化石及碎片等。

6. 含油、荧光情况

描述缝洞壁上见原油情况(含油面积、产状)，见表2-6；描述荧光湿照颜色、面积、产状，荧光滴照颜色及产状，荧光系列对比级别和颜色等。

(三)碳酸盐岩岩心描述

1. 颜色

描述干燥岩心新鲜面颜色，分单色、复合色、杂色三类。

单色：颜色均匀，色调单一，有深、浅的差别，可用"深""浅"来形容，如灰色石灰岩、浅灰色白云岩。

复合色：由两种颜色组成，描述时次要颜色在前、主要颜色在后，如灰白色灰质白云岩。

杂色：由三种或三种以上颜色组成，所占比例相近，如杂色竹叶状灰岩。

描述时，注意局部或纵向上的颜色变化及色斑、色带的排列、分布情况。含油岩石，应区分原油浸染的颜色和岩石本色，能看到的岩石本色和含油颜色均应描述。

2. 成分

主要由碳酸盐(方解石、白云石)及酸不溶物(如黏土、砂质、硅质、膏质等)组成。现场进行碳酸盐成分和含量分析常用稀盐酸法、碳酸盐含量测定法，有条件的根据镜下观察鉴定结果对岩心进行详细描述。描述时应着重注意自形晶矿物的多少。

镜下观察鉴定法：使用显微镜对岩石薄片进行鉴定，确定方解石、白云石、黏土矿物、其他碎屑及基质的成分、含量和结构。

3. 结构

包括颗粒(内碎屑、鲕粒、生物颗粒、球粒、藻粒等)、基质或胶结物、特殊矿物、晶粒及生物格架，肉眼直接观察难以识别的，借助放大镜或显微镜仔细观察。

(1)颗粒。

内碎屑：描述形态、主要成分及结构、磨圆度、分选、保存程度、包裹物、分布情况等，对岩心中的竹叶状砾屑还应描述排列情况(水平或倾斜)及大小(用长×宽表示)。碳酸盐岩颗粒粒级与碎屑岩粒级划分方法一致，见表2-1。

鲕粒：描述形态和结构特征，鲕径(最大、最小及一般粒径)、鲕核成分、磨圆度、分选、保存程度、包裹物、分布情况等。具有内孔的，应描述。

生物颗粒：简称生粒，描述其生物种类、大小(按形态分别表示其长度或体积)、保存程度、包裹物、排列分布情况等。

球粒：描述颜色、主要成分、粒度、磨圆度、分选、保存程度、包裹物、分布情况等。

藻粒：描述颜色、粒度(最大、最小及一般粒径)、磨圆度、分选、保存程度、包裹物、分布情况等。具有同心层的(藻类结核)，应描述外部形态及层间结构和成分等。

变形颗粒：描述形态（如扁豆状、拖拉状、蝌蚪状、锁链状等）及其占原始颗粒的比例。

（2）基质或胶结物：成分、胶结程度、透明度、形态及其分布情况（均匀、不均匀）。

（3）特殊矿物：陆源碎屑矿物、黄铁矿、沥青质、膏质、泥质、硅质（燧石结核及团块）等的分布情况，含量用百分比表示。

（4）晶粒：结晶碳酸盐岩的主要结构。描述粒度、分选、透明程度（透明、半透明、不透明）、形状特征及结晶程度（自形晶、半自形晶、它形晶），晶体相对大小、特征（晶体周围之斑晶、包含晶）、包裹体和成岩后生作用等。碳酸盐岩晶粒粒级与碎屑岩粒级划分方法一致，见表2-1。

4. 构造

包括叠层石构造、叠锥构造、鸟眼构造、示底构造、虫孔构造、缝合线构造等，应着重描述构造的形态、分布状况等。

5. 生物格架或化石

描述化石的种类、形态、数量和分布情况、保存情况等。

种类：一般指出大类，有古生物鉴定资料可定出属种。

形态：包括外形、纹饰和个体大小。

数量和分布情况：用丰度表示相对含量多少，若量很少用"个别"表示，不易数清时可用"少量"表示，普遍分布用"较多"表示，数量极多时用"丰富"表示。分布情况有杂乱分散、顺层面富集、成层等。

保存情况：分为完整、较完整、破碎。化石保存若个体完整、轮廓清晰、纹饰可见，称为保存完整；只见部分残体，称为破碎；介于两者之间称为保存较完整。

常见的化石有介形虫、叶肢介，螺类和蚌类的外壳，鱼骨，植物的根茎叶化石及碎片等。

6. 物理性质

包括风化程度、硬度、断口形状。断口形状分为平坦状、贝壳状、参差状、鱼鳞状、阶梯状、锯齿状。

7. 缝洞情况

（1）裂缝：按产状分类为三类，即立缝的视倾角>75°，斜缝的15°<视倾角≤75°，平缝的视倾角≤15°。

描述裂缝的宽度、长度、密度、分布状态，表面性质（粗糙、光滑、平整、镶嵌等），充填物（颜色、成分、结晶程度、形态），充填程度（未充填为未经充填或充填物少，半充填为有50%左右被充填，全充填为全被次生或其他物质充填）。

（2）孔洞：按大小分类，洞径≤1mm为孔，1mm<洞径≤5mm为小洞，5mm<洞径≤10mm为中洞，10mm<洞径≤100mm为大洞，岩心中一般见不到大于100mm的巨洞。

描述孔洞的产状（大小、密度、分布状态），孔洞的充填物及充填程度同裂缝的描述内容。

（3）缝洞统计：按要求填写"缝洞统计表"，统计项目如下。

有效缝：相互连通裂缝的条数，单位为条，保留整数。

缝合线：对应岩心段缝合线的条数，单位为条，保留整数。

裂缝总条数：充填缝、半充填缝、未充填缝、层间缝和缝合线等缝数的总和，单位为条，保留整数。

缝（洞）密度：岩心柱面上的缝（洞）总数与岩心缝洞发育段长度的比值。裂缝密度单位为条/m，洞密度单位为个/m。

裂缝开启程度：未充填—半充填缝数与裂缝总数之比，用百分数表示。

连通情况：未充填—半充填相互连通的缝洞数与缝洞总数之比，用百分数表示。

统计说明：岩心柱面所见的缝洞统计，劈开面、断面、破碎面上所见的缝洞不统计；连续穿过几段岩心柱、切穿岩心柱面的缝洞只统计一次；长度小于2cm的分支缝和裂缝、小于5cm的充填缝及孔等不统计。

8. 含油、荧光情况

描述缝洞壁上见原油情况（含油面积、产状）见表2-6；描述荧光湿照颜色、面积、产状，荧光滴照颜色及产状，荧光系列对比级别和颜色等。

表2-6　缝洞型地层岩心含油级别

含油级别	缝洞见原油情况
富含油	50%以上的缝洞见原油
油斑	50%及以下的缝洞见原油
荧光	肉眼看不见含油，荧光滴照见显示

(四) 岩浆岩岩心描述

1. 颜色

描述干燥岩心新鲜面颜色，一般分单色、复合色。

单色：颜色均匀，色调单一，有深、浅的差别，可用"深""浅"来形容，如浅灰色安山岩、深灰色玄武岩。

复合色：由两种颜色组成，描述时次要颜色在前、主要颜色在后，如绿灰色玄武岩、黄红色花岗岩。

描述时，注意局部或纵向上的颜色变化及色斑、色带的排列、分布情况。含油岩石，应区分原油浸染的颜色和岩石本色，能看到的岩石本色和含油颜色均应描述。

2. 成分

结合镜下鉴定描述，分别估计斑晶和基质的百分含量，确定斑晶的矿物成分及含量。常见矿物有钾长石、斜长石、石英、辉石、橄榄石、角闪石、黑云母等。

3. 结构

结合镜下鉴定描述，重点描述斑晶各种矿物的结晶程度、晶粒形态、形状、大小、分布、矿物间的相互关系、溶蚀情况等。

结晶程度分为四类。全晶质：岩石全部由矿物晶体组成；半晶质：岩石中有部分矿物晶体；隐晶质：岩石由微晶或轮廓不清的晶体组成；玻璃质：岩石矿物全部未结晶。

晶粒形态分为三类：自形晶、半自形晶（一部分为自形晶一部分为他形晶）、他形晶。

晶粒形状分为粒状、柱状、板状、片状、针状、纤维状、放射状。

晶粒大小分为四级。粗晶：粒径≥5mm，中晶：5mm＞粒径≥1mm，细晶：1mm＞粒径≥0.1mm，粉晶：粒径＜0.1mm。

晶粒分布分为四类。等晶结构：主要矿物的晶粒大小大致相同；不等晶结构：主要矿物的晶粒大小不等；斑状结构：由成分、晶粒大小明显不同的两种或两种以上晶粒组成的大颗粒(斑晶)散布在小颗粒隐晶质或非晶质(基质)之中；似斑状结构：明显不同的两种或两种以上色斑散布在小颗粒晶质(基质)之中。

矿物间相互关系根据矿物颗粒的排列和结合方式分类。交生结构：两种矿物规律地互相嵌合在一起，如文象结构、条纹结构、蠕虫结构；反应结构：岩浆在早期结晶矿物周围形成一种新的矿物，如反应边结构、环带结构；包含结构：在一种矿物大晶体中，包嵌了数种其他矿物晶体，如嵌晶结构、含长结构；辉绿结构：全晶质，大部分矿物为半自形晶，斜长石自形程度高于辉石，常见于基性浅成岩中；花岗结构：也称全晶质结构，全晶质、等粒，岩石中矿物大部分为半自形晶，副矿物常为自形晶，铁镁矿物自形晶程度高于硅铝矿物，石英为它形晶，充填于其他颗粒之间，常见于酸性侵入岩中。

4. 构造

构造指岩石中不同矿物集合体或其他组成部分(如玻璃质)之间的排列方式及充填方式所表现出来的特点。结合镜下鉴定结果，分别描述各种构造形态、大小及分布情况。

块状构造：岩石矿物成分、结构一致，均匀分布。

带状构造：不同矿物层状富集，相互交替。

斑杂构造：矿物成分或结构差别大，呈斑块杂乱分布。

晶洞构造：侵入岩中存在的原生孔洞。

气孔和杏仁构造：气孔的形状、分布情况。后期矿物充填形成杏仁状充填物的成分及充填程度、大小、形状特征。

流纹构造：不同颜色的条纹或拉长的气孔特征。

球状构造：一些矿物围绕某点呈同心层状分布而成的一种构造，如球状花岗岩、球状流纹岩、球状辉长岩等。

冷缩节理：岩浆岩在形成时，熔体冷却收缩并产生张应力，使岩体破裂而形成一些节理(原生节理)，节理面与收缩方向垂直，如花岗岩常有三向节理，玄武质熔岩常有直立的六边形或多边形柱状节理，玻璃质珍珠岩中有大小不等的珍珠状裂开或球弧状节理。

其他构造如俘虏体：形态、大小、成分等。

5. 缝洞情况

(1)裂缝：按产状分类为三类，即立缝的视倾角>75°，斜缝的15°<视倾角≤75°，平缝的视倾角≤15°。

描述裂缝的宽度、长度、密度、分布状态，表面性质(粗糙、光滑、平整、镶嵌等)，充填物(颜色、成分、结晶程度、形态)，充填程度(未充填为未经充填或充填物少，半充填为有50%左右被充填，全充填为全被次生或其他物质充填)。

(2)孔洞：按大小分类，洞径≤1mm为孔，1mm<洞径≤5mm为小洞，5mm<洞径≤10mm为中洞，10mm<洞径≤100mm为大洞。岩心中一般见不到大于100mm的巨洞。

描述孔洞的产状(大小、密度、分布状态)，孔洞的充填物及充填程度同裂缝的描述内容。

(3)缝洞统计：按要求填写"缝洞统计表"，统计项目如下。

有效缝：相互连通裂缝的条数，单位为条，保留整数。

缝合线：对应岩心段缝合线的条数，单位为条，保留整数。

裂缝总条数：充填缝、半充填缝、未充填缝、层间缝和缝合线等缝数的总和，单位为条，保留整数。

缝（洞）密度：岩心柱面上的缝（洞）总数与岩心缝洞发育段长度的比值。裂缝密度单位为条/m，洞密度单位为个/m。

裂缝开启程度：未充填—半充填缝数与裂缝总数之比，用百分数表示。

连通情况：未充填—半充填相互连通的缝洞数与缝洞总数之比，用百分数表示。

统计说明：岩心柱面所见的缝洞统计，劈开面、断面、破碎面上所见的缝洞不统计；连续穿过几段岩心柱、切穿岩心柱面的缝洞只统计一次；长度小于2cm的分支缝和裂缝、小于5cm的充填缝及孔等不统计。

6. 含油、荧光情况

描述缝洞壁上见原油情况（含油面积、产状），见表2-6；描述荧光湿照颜色、面积、产状，荧光滴照颜色及产状，荧光系列对比级别和颜色等。

（五）火山碎屑岩岩心描述

1. 颜色

描述干燥岩心新鲜面颜色，一般分单色、复合色。

单色：颜色均匀，色调单一，有深、浅的差别，可用"深"、"浅"来形容，如浅灰色凝灰岩。

复合色：由两种颜色组成，描述时次要颜色在前、主要颜色在后，如灰绿色火山角砾岩。

描述时，注意局部或纵向上的颜色变化及色斑、色带的排列、分布情况。含油岩石，应区分原油浸染的颜色和岩石本色，能看到的岩石本色和含油颜色均应描述。

2. 成分

火山碎屑成分不小于90%为火山碎屑岩，火山碎屑成分小于90%且不小于50%为沉积火山碎屑岩，陆源碎屑成分不小于50%、火山碎屑成分小于50%且不小于10%为火山碎屑沉积岩。结合镜下鉴定描述，分别估计火山碎屑和陆源碎屑的成分及百分含量。

岩石碎块：早期凝结的熔岩、火山通道的围岩及火山基底的岩石碎块，大多数呈棱角状，一般小于2mm为岩屑，不小于2mm为岩块。

火山弹：火山爆发时抛向空中的塑性熔浆团飞行旋转的落物，常呈纺锤形、椭球头、麻花状、陀螺状、饼状、梨状等。

浮岩块与火山渣：火山爆发初期，熔浆上浮岩块为浮岩块，密度小于1g/cm³。富含气体熔浆的爆炸物，抛向空中凝结成火山渣，形似炉渣。

塑性岩屑：未冷凝的塑性岩屑，被拉长、压扁变形而成。

晶屑：熔浆在地下早期析出的斑晶，含少量围岩中的矿物晶体的碎片，如石英、长石、角闪石、辉石、黑云母等。

玻屑：为火山喷发过程中形成的玻璃质碎片，具有弓形、弧形及月牙形边界线。

塑性玻屑：炽热的玻屑或岩浆屑在上覆火山堆积物的压力下，经塑性变形拉长、扁化及冷却而成，一般小于2mm。

3. 结构

包括集块结构、火山角砾结构、凝灰结构等。

集块结构：火山碎屑中粒径不小于100mm的火山碎屑含量不小于50%。

火山角砾结构：火山碎屑中粒径不小于2mm且小于100mm的火山碎屑含量不小于50%。

凝灰结构：火山碎屑中粒径小于2mm的火山碎屑含量不小于50%。

4. 含油、荧光情况

描述含油面积、含油产状、饱满程度、含油颜色、油脂感、油味情况，见表2-5；描述荧光湿照颜色、面积、产状，荧光滴照颜色及产状，荧光系列对比级别和颜色等。

(六) 变质岩岩心描述

根据原岩种类，变质岩分为正变质岩和副变质岩。岩浆岩经变质作用形成的称为正变质岩，沉积岩经变质作用形成的称为副变质岩。

根据变质程度，变质岩分为区域变质岩、混合岩、接触变质岩、气—液变质岩、碎裂变质岩。

1. 颜色

描述干燥岩心新鲜面颜色，一般分单色、复合色。

单色：颜色均匀，色调单一，有深、浅的差别，可用"深""浅"来形容，如浅灰色石英岩、深灰色板岩。

复合色：由两种颜色组成，描述时次要颜色在前、主要颜色在后，如灰白色石英岩、黄灰色混合花岗岩。

描述时，注意局部或纵向上的颜色变化及色斑、色带的排列、分布情况。含油岩石，应区分原油浸染的颜色和岩石本色，能看到的岩石本色和含油颜色均应描述。

2. 成分

结合镜下鉴定描述矿物成分及含量。常见矿物有钾长石、斜长石、石英、辉石、橄榄石、角闪石、黑云母等，常见变质矿物有绢云母、绿泥石、白云母、钾微斜长石、正长石、紫苏辉石等。

3. 结构

包括变余结构、变晶结构、交代结构、碎裂结构。结合镜下鉴定描述矿物的结晶程度、晶粒形态、形状（纤维状、鳞片状、长柱状、针状）、大小、定向排列情况、裂纹、晶粒组合关系。

(1) 变余（残留）结构：变质重结晶作用不彻底，仍保留原岩的结构特征，如变余斑状结构、变余砾状结构、变余砂状结构、变余花岗结构、变余辉绿结构等。

(2) 变晶结构：基本上已重结晶，多为全晶质。为不规则形状或半自形晶。

按晶粒相对大小分为等粒变晶结构、不等粒变晶结构。

按晶粒平均大小分为粗粒变晶结构（≥3mm）、中粒变晶结构（1~3mm）、细粒变晶结构（<1mm）、微粒变晶结构（粒径肉眼难辨）、隐晶质变晶结构（粒径在镜下也不易分辨）

按晶粒形态分为粒状花岗变晶结构、鳞片状变晶结构、纤维状变晶结构。

按晶粒间的相互关系分为包含变晶结构、筛状变晶结构、残缕结构。

(3) 碎裂结构：岩石受到机械破坏产生的结构，如角砾岩状结构、碎块结构、碎斑结构、糜棱结构等。

(4) 交代结构：发生交代变质作用，原岩中矿物被取代形成的矿物结构。主要有交代假象结构、交代蚕蚀结构、交代残留结构、交代穿孔结构、交代蠕虫结构、交代净边结构、交代斑状结构。

4. 构造

结合镜下鉴定描述，常见构造有变余构造、变质构造、混合构造。

1）变余构造

变质岩中仍保留原岩的构造特征。正变质岩中常见的变余构造有变余气孔构造、变余杏仁构造、变余流纹构造等；副变质岩中常见的变余构造有变余层理构造、变余波痕构造、变余雨痕构造、变余泥裂构造等。

2）变质构造（又称变成构造）

斑点状构造：碳质、硅质、铁质或堇青石、红柱石等矿物雏晶聚集，因温度升高而加大形成变斑晶。

板状构造：柔性岩石受应力，产生平行而整齐光滑的劈理面，肉眼分不出矿物颗粒，原岩组分基本上没有重结晶。

千枚状构造：岩石中片状矿物呈定向排列构成片理，重结晶程度较高，肉眼可直接看到矿物颗粒。

片状构造：大量片状、柱状变形晶矿物，呈定向排列构成片理，重结晶程度较高，肉眼可直接看到矿物颗粒。

片麻状构造：主要为显晶质、变形晶粒状矿物，间夹断续（局部富集）分布呈定向排列的片状、柱状矿物，重结晶程度高。

眼球状构造：在有定向构造的岩石中，长石、石英等刚性矿物颗粒呈透镜状、扁豆状单晶或集合体，定向平行排列。

条带构造：片状、柱状矿物与粒状变形晶矿物分别集中连续分布，在粒度上或色调上相间成层。

块状构造：岩石矿物成分和结构分布均匀，排列没有方向性。

3）混合构造

混合构造指混合岩石中脉体及其矿物以不同数量和方式混合形成的构造，如角砾状、脉状、树枝状、网状等。

5. 缝洞情况

（1）裂缝：按产状分类为三类，即立缝的视倾角>75°，斜缝的 15°<视倾角≤75°，平缝的视倾角≤15°。

描述裂缝的宽度、长度、密度、分布状态，表面性质（粗糙、光滑、平整、镶嵌等），充填物（颜色、成分、结晶程度、形态），充填程度（未充填为未经充填或充填物少，半充填为有 50%左右被充填，全充填为全被次生或其他物质充填）。

（2）孔洞：按大小分类，洞径≤1mm 为孔，1mm<洞径≤5mm 为小洞，5mm<洞径≤10mm 为中洞，10mm<洞径≤100mm 为大洞，岩心中一般见不到大于 100mm 的巨洞。

描述孔洞的产状（大小、密度、分布状态），孔洞的充填物及充填程度同裂缝的描述内容。

（3）缝洞统计：按要求填写"缝洞统计表"，统计项目如下。

有效缝：相互连通裂缝的条数，单位为条，保留整数。

缝合线：对应岩心段缝合线的条数，单位为条，保留整数。

裂缝总条数：充填缝、半充填缝、未充填缝、层间缝和缝合线等缝数的总和，单位为条，保留整数。

缝（洞）密度：岩心柱面上的缝（洞）总数与岩心缝洞发育段长度的比值。裂缝密度单位为条/m，洞密度单位为个/m。

裂缝开启程度：未充填—半充填缝数与裂缝总数之比，用百分数表示。

连通情况：未充填—半充填相互连通的缝洞数与缝洞总数之比，用百分数表示。

统计说明：岩心柱面所见的缝洞统计，劈开面、断面、破碎面上所见的缝洞不统计；连续穿过几段岩心柱、切穿岩心柱面的缝洞只统计一次；长度小于2cm的分支缝和裂缝、小于5cm的充填缝及孔等不统计。

6. 含油、荧光情况

描述缝洞壁上见原油情况（含油面积、产状），见表2-6；描述荧光湿照颜色、面积、产状，荧光滴照颜色及产状，荧光系列对比级别和颜色等。

（七）其他岩类岩心描述

1. 煤层

描述颜色、质地、光泽、燃烧情况、含有物及其分布情况。

2. 油页岩

描述颜色、质地、页理发育情况、燃烧情况、含有物及其分布情况等，其他内容参见泥岩岩心描述。

3. 蒸发岩

包括石膏岩、硬石膏岩、盐岩等，描述颜色、成分、硬度、脆性、含有物及化石等。

4. 介形虫层

描述胶结物及胶结情况，介形虫个体保存情况等。

（八）钻井取心描述记录

(1) 填写"钻井取心描述记录"，按筒描述、记录，两筒之间应另起页。

(2) 岩心编号：对应于同一岩性段内岩心编号，当出现多于1个编号时应填写岩心编号范围，两个岩心编号中间用"-"连接。

(3) 累计长度：岩性分段底界深至本筒顶界的距离。

(4) 岩心破碎及磨损情况：岩心破碎及磨光面均应在岩心编号下注明。

破碎情况：用"△"表示，其中"△"、"△△"、"△△△"分别表示岩心破碎轻微、中等和严重。

磨损情况：用"〜〜〜数字"表示磨光面，其中"数字"表示磨光面距顶深度。

(5) 岩样编号（岩样长度/距顶位置）：以下列形式表示，如3（0.08/6.29），其中"0.08"表示岩样的长度，"6.29"表示岩样顶距顶深度，"3"表示岩样的编号。岩样的编号按井深顺序从1开始，用正整数连续编写。

八、岩心采样

（一）采样时间

分析样品采集时间应在完井后进行，建议不在现场采集。若安排现场采样，则应先进行岩心扫描。岩心扫描一般在基地进行，特殊情况由建设方决定。

（二）采样要求

(1) 根据地质设计和相关标准要求取样，岩心描述后，用岩心刀沿同一轴线劈开，一半供选样，一半保存。

(2) 在岩心的一侧统一采样，采集的样品要有代表性，一般为8~10cm。采样后立即密封，尽快送化验室分析。

(3)选样过程中要观察剖开新鲜断面的含油气分布与岩性变化的关系。

(4)一块样品选取同一岩性及含油级别的岩心。

(5)样品位置从取样位置顶部至该筒岩心顶部计算,写为"距岩心段顶××.××m",取样部位应放置岩心取样标签。

(6)整块取样处应放置等长贴上岩心取样标签的纸板或木板。

(7)将样品全井统一按顺序编号,补送样品加"补"字另编号。

(8)及时、准确填写"样品入库清单",一式两份,一份送化验室,一份现场保存。

九、岩心保存

(一)岩心保管

录井现场岩心盒应置于室内妥善保管,防止日晒、雨淋、受潮、鼠害、倒乱、丢失、污染等。

(二)岩心上交

岩心经验收后方可入库,完井后填写"样品入库清单",连同岩心实物一并送交岩心库。

十、钻井取心录井图

(一)钻井取心录井图格式

钻井取心录井图格式如图 2-2 所示。

单位:毫米

图 2-2　钻井取心录井图格式

(二)钻井取心录井图绘制要求

(1)按标准规定格式绘制图头和图框,深度比例尺1:100。

(2)井别、井型、构造位置、地理位置:按实际填写。

(3)录井队:×钻探公司×录井公司×录井队。

(4)总进尺、总心长、平均收获率、含油岩心长、荧光岩心长、含气岩心长:按实际填写。

（5）取心应说明的问题：填写岩心的校正深度。

（6）图例：高度可根据需要设定。

（7）图道位置、高度、宽度：除特殊要求外，可根据需要设定。

（8）孔隙度、渗透率：绘制岩心分析的孔隙度、渗透率。

（9）层位：栏宽度5mm，按实际填绘。

（10）井深：栏宽度10mm，以钻具井深为准，逢10m标全井深，并画5mm长的横线；逢米只标出井深个位数，并画3mm长的横线。

（11）取心筒次：栏宽度15mm，取心井段、次数、心长、进尺、收获率，在相应位置用阿拉伯数字标注。连续取心根据需要可1~N筒合并绘制，心长、进尺为N筒合计心长、进尺，收获率为N筒平均收获率。标记筒界时，按取心井段的顶底深度画直线表示，顶底深度标在筒界线之下，筒内其他取心数据应均匀分布。

（12）颜色：栏宽度10mm，按标准代码填写。

（13）岩性剖面：栏宽度30mm，岩性按标准图例绘制粒度剖面。岩性剖面用筒界作控制，当岩心收获率低于100%时，剖面自上而下绘制；当岩心收获率不小于100%时，从该筒底界向上依次绘制。若岩心上有明显的套心标记时，则可将套心画于本筒顶界之上。岩心破碎严重时，应根据钻时变化适当压缩破碎带岩心长度。厚度小于0.1m的特殊岩性、标准层、标志层，放大到0.1m绘图。化石及含有物，用标准符号将化石、含有物绘制在相应位置。本筒岩心不应超过该筒取心的底界深度。

（14）破碎及磨光面：栏宽度10mm，相应深度绘制岩心破碎情况及磨光面位置。

（15）岩心扫描：按井段在相应位置嵌入岩心扫描图片。

（16）岩心样品位置：根据岩心取样位置距本筒顶的距离，在岩心位置左侧用长3mm的横线标定，逢5、10要写上编号，横线长为5mm，岩心长度被压缩时，样品位置应相应移动。

（17）测井曲线：栏宽度、项目根据需要选取。

（18）岩性、油、气、水及缝洞综述：按筒次叙述岩心的含油气性及缝洞发育情况。

第四节　井壁取心录井

井壁取心录井是用井壁取心器，按指定的位置在井壁上取出地层岩石的作业。井壁取心通常是在完井测井后进行，分为撞击式和钻进式。撞击式井壁取心是通过电缆在地面控制取心深度和炸药的点火、发射，炸药爆炸将取心筒打入井壁，上提取心器即可将岩心从地层中取出。钻进式井壁取心是采用液压传动技术，使取心钻头垂直于井壁，采取旋转钻进方式获取岩心。

一、井壁取心原则

(一)取心原则

（1）岩屑失真严重，油气显示、地层岩性不清的井段。

（2）钻井取心漏取及钻井取心收获率较低的储层井段。

（3）岩屑及气体录井见含油气显示未进行钻井取心的井段。

（4）岩屑及气体录井无油气显示，而测井曲线上表现为可疑油气层及参照井为含油气的层段。

(5)判断不准或需要落实的特殊岩性井段。

(6)复杂地质情况和地质研究需要井壁取心的井段。

(二)取心位置

按照地质设计或建设方要求，参照一般井壁取心原则，设计井壁取心颗数、位置，用红色线将取心位置画在测井队提供的跟踪曲线上，标注序号。填写"井壁取心原始记录表"，内容包括井号、序号、井深。

二、井壁取心质量

(1)根据地质任务合理设计井壁取心数量和位置，取心过程中安排专人跟踪测井曲线、监督井壁取心队是否按设计的顺序、位置进行取心。

(2)井壁取心数量以达到地质设计目的为原则。井壁取心样品长度应能满足现场观察、描述及分析化验取样要求，撞击式井壁取心有效长度不小于1cm，钻进式井壁取心长度不小于3cm。

三、井壁取心出筒与整理

(一)井壁取心出筒

井壁取心出心前，准备好井壁取心容器、粘贴标签，按照设计井壁取心位置在容器上编号和注明井深。井壁取心器从井口提出后，平放在钻台大门坡道前的支架上。录井队与取心队共同按井深顺序取出岩心，及时清洁岩心表面，依次装入相应编号的井壁取心容器。如果是空筒，那么对应编号的容器应空着。可疑气层的井壁取心，取出后立即做含气试验。井壁取心器一次下井采集的井壁取心全部取出后，立即进行岩心粗描，初步判断岩性，进行含油性观察和荧光湿照检查，记录分析结果，与随钻地质录井图对比。对于空筒、岩性与预计不符的，综合分析是否满足地质取资料要求，必要时应重新补取。井壁取心有效长度达不到质量要求的，予以废弃，重新取心。

(二)井壁取心整理

(1)全井井壁取心采集结束后，将取心容器里的岩心重新装入专用的井壁取心瓶中，按由深至浅的顺序重新编号，在井壁取心瓶上粘贴标签，注明井号、井深，从左至右依次排列在井壁取心盒内。

(2)记录取心方式，设计、实取井壁取心颗数，计算井壁取心收获率。井壁取心收获率＝(实取颗数/设计颗数)×100%，保留1位小数。

(3)填写"岩心描述清单"，内容包括井号、序号、井深、岩性等，岩心描述清单附在井壁取心盒内。在井壁取心盒顶面贴上"井壁取心盒"标签，内容包括井号、井段、颗数、单位名称。完井后填写"样品入库清单"和井壁取心实物一并交岩心库保存。

四、井壁取心描述

(一)井壁取心描述内容

包括颜色、成分、结构、构造、化石及含有物、含油及荧光情况等。

如果一颗井壁取心有两种岩性时，二者均要描述，以主要岩性进行定名，次要岩性按夹层和条带处理。

荧光检测要求：逐颗进行荧光湿照，储层逐颗滴照和系列对比分析。

（二）井壁取心录井采集资料

包括取心时间、取心方式、设计颗数、实取颗数、层位、井深、岩性定名（颜色、含油级别、岩性）、岩性及含油气描述、荧光湿照颜色、荧光滴照颜色和荧光对比级别。及时填写"井壁取心描述记录"。

第五节　荧光录井

石油，除了轻质油和石蜡外，无论其本身是否溶于有机溶剂中，在紫外光照射下均可发光，称为荧光。石油的发光现象取决于其化学结构，石油中的芳香烃化合物及其衍生物可发荧光，而饱和烃则完全不发荧光。轻质组分多的石油荧光为淡蓝色，含胶质多的石油荧光为绿色和黄色，含沥青质多的石油荧光为褐色。荧光录井是对岩屑、钻井取心、井壁取心样品或有机溶液进行紫外光照射，分析样品荧光特性，发现、评价油气层的作业。现场荧光录井方法主要有湿照、干照、滴照和系列对比。荧光录井采集项目包括井深、岩性、样品类型、荧光湿照（干照）颜色、荧光滴照颜色，荧光强度、产状、面积或百分比、荧光系列对比级别。

一、荧光湿照

（一）荧光湿照步骤

将洗净、控干水分的岩屑均匀装入砂样盘，在荧光室或暗箱中，启动荧光灯照射岩屑。观察荧光的颜色、强度和产状（星点状、斑点状、斑块状、不均匀状、均匀状）。

（二）计算荧光百分比

在自然光下，用镊子挑出一定数量（如 20 颗）的定名岩屑，在荧光灯下统计荧光岩屑数量、计算荧光岩屑占定名岩屑的百分比。

按要求逐项填写"录井班报"。

二、荧光干照

将晾晒（或烘干）好的岩屑样品装入砂样盘，操作方法同"荧光湿照"。

三、荧光滴照

荧光滴照是在湿照、干照的基础上，挑出有荧光显示的岩屑样品，在滤纸上进行荧光分析，区分真假含油显示的荧光录井方法。岩石样品中的某些矿物，在荧光灯下也能发光，但滴有机溶剂后，滤纸上无荧光；若岩屑样品中含油，则在滤纸上留下荧光斑痕。常见的发光矿物中，一般石膏发亮蓝色荧光，方解石发乳白色荧光，含灰质的泥岩、页岩和灰质结核通常发暗黄色荧光。荧光滴照分析前应做滤纸空白试验，检查滤纸和有机溶剂是否有污染。在滤纸上滴 1~2 滴有机溶剂并悬空在荧光灯下照射，无荧光显示为无污染，方可使用。

（一）荧光滴照步骤

在荧光灯下挑选有荧光显示的岩样 1 颗或数颗放置在滤纸上，悬空滤纸，在岩样上滴 1 滴有机溶剂，待溶剂挥发后，在荧光灯下观察滤纸上荧光的颜色、亮度和产状（晕状、环状、放射状、斑块状、均匀状），若滤纸上无荧光显示，则为矿物发光。

（二）初步判断油质

一般情况下，滤纸上残留斑痕呈浅黄色、黄色、棕黄色，岩样中原油为轻质油；滤纸上残留斑痕为棕褐色、褐色、黑褐色，岩样中原油的胶质、沥青质含量高，为重质油。记录岩屑荧光滴照分析结果。

四、系列对比

（一）无污染试验

系列对比分析前应做试管荧光试验，检查试管和有机溶剂是否有污染。在试管内注入1~2mL有机溶剂，摇晃试管，在荧光灯下观察，无荧光显示为无污染，方可使用；天平托盘、镊子应清洗干净、无污染，方可使用。

（二）系列对比分析步骤

(1)在天平上称取1g挑选出的定名岩屑样品。

(2)放入干净的试管内，加入5mL有机溶剂，用清水密封后、标注井深放在试管架上，静置、浸泡。浸泡时间根据岩石物性情况选择，储层物性好可浸泡0.5~1小时，储层物性差可浸泡2~4小时，甚至8小时。

(3)将浸泡好的溶液与本地区的标准系列在荧光灯下进行对比，找出与溶液的发光强度一致的标准溶液，该标准溶液的系列对比级别即为岩石样品溶液的荧光系列对比级别。

(4)若样品溶液含油浓度高，出现荧光消光现象，将溶液稀释一倍或数倍后，再进行荧光系列对比分析，并将稀释后对比分析得到的系列对比级别还原成溶液稀释前的系列对比级别。

(5)记录岩屑荧光系列对比分析结果。

五、荧光录井作用及注意事项

石油的发荧光现象非常灵敏，只要溶液中含有十万分之一的石油，即可发荧光。含油溶液的发光程度，与岩石中的石油浓度有关，根据溶液发光的亮度，确定荧光系列对比级别，进而可以估算出石油的含量。荧光录井方法简便快速、经济实用，在油气勘探开发工作中，常用荧光分析来鉴定岩样中是否含油，根据荧光的颜色和强度来检测原油性质和含量。

（一）荧光录井作用

(1)能够及时、准确地发现岩样中肉眼难以识别的含油显示。

(2)可定性判断原油性质、定量评价含油丰度，为准确解释油气层提供依据。

（二）荧光录井注意事项

(1)岩屑逐包进行荧光湿照、干照，对储层岩屑逐包进行荧光滴照，逐层进行荧光对比分析。

(2)在岩屑样品失真、钻井液混油或含荧光添加剂污染严重的情况下，可不进行荧光系列对比分析。

(3)荧光对比标准系列溶液必须用与施工井目的层同一构造相同层位的原油配制，若无同一构造相同层位的原油样品，则可使用相邻构造或同一盆地的原油样品。荧光对比标准系列溶液使用有效期为1年。

(4)荧光录井所用有机溶剂［氯仿(三氯甲烷)］是挥发性化学药品,应避免直接吸入口鼻,荧光室要安装通风设备。

(5)使用荧光灯时,应避免紫外光直接照射眼睛。

第六节 钻井液录井

在钻井过程中收集钻井液性能、采集槽面显示资料,辅助分析、判断是否钻遇油气水层、特殊岩性地层和发生井下复杂情况的作业称为钻井液录井。

一、钻井液资料

(一)钻井液性能

收集钻井液类型、测点井深、密度、黏度、失水量、滤饼、切力、pH 值、含砂量、氯离子含量。

(二)钻井液处理

收集钻井液处理的时间、井深、处理剂名称及用量,并注明处理剂对荧光录井背景值的影响。将钻井液性能、钻井液处理资料,按要求填写"录井班报"。

二、钻井液性能监督

(1)按设计调整钻井液性能,钻井液性能在安全钻进的前提下应有利于取全取准地质资料,有利于发现和保护油气层。

(2)不可随意加入影响荧光录井的原油、磺化沥青、柴油等钻井液处理剂,处理事故或遇到紧急情况下,使用前提出申请经建设方批准同意后方可实施。

三、钻井液资料应用

在钻进过程中钻遇不同地层时,钻井液性能会发生相应的变化,见表 2-7。了解钻井过程中影响钻井液性能的地质因素,可辅助判断油、气、水层。

表 2-7 钻遇特殊地层时钻井液性能变化对比表

钻遇地层	高压淡水层	高压盐水层	高压油层	高压气层	石膏层
密度	下降	下降	下降	下降	不变或略升
黏度	下降	下降	上升	上升	上升
氯离子含量	不变或下降	上升	不变	不变	不变

第七节 碳酸盐含量分析

一、概念

碳酸盐岩主要矿物是方解石和白云石。方解石和白云石的化学成分为碳酸钙和碳酸镁钙,化学式分别为 $CaCO_3$、$CaMg(CO_3)_2$,其化学元素为 O、C、Ca、Mg。

纯方解石的理论化学组成为 CaO 占比56%、CO_2 占比44%,纯白云石的理论化学组成为 CaO 占比 30.4%、MgO 占比 21.7%、CO_2 占比 47.9%。

碳酸盐含量分析技术是利用碳酸盐与稀盐酸发生化学反应，检测岩石中的方解石和白云石百分含量的方法。化学反应式如下：

$$CaCO_3 + 2HCl \longrightarrow CaCl_2 + H_2O + CO_2 \uparrow$$

$$CaMg(CO_3)_2 + 4HCl \longrightarrow CaCl_2 + MgCl_2 + 2H_2O + 2CO_2 \uparrow$$

在相同的条件下，稀盐酸与方解石的反应速度远大于白云石，不同碳酸盐岩与盐酸反应速度：石灰岩>白云质灰岩>灰质白云岩>白云岩，随着碳酸盐岩中白云质成分的增加，碳酸盐岩与稀盐酸反应速度变慢。

现场进行碳酸盐成分及含量分析有稀盐酸法、碳酸盐含量测定法。

二、稀盐酸法

(一)分析步骤

一般根据与 5% 或 10% 稀盐酸的反应程度估算岩石中方解石、白云石和酸不溶物的相对含量。选取本层几颗真岩屑放入试管中，加入足量稀盐酸，观察反应情况；若不反应或反应微弱，则将试管在酒精灯上加热，再观察反应情况。

(二)常见碳酸盐岩与稀盐酸反应特征

(1)纯石灰岩：遇足量稀盐酸起泡强烈，状似沸腾，能溅起小珠，并有嘶嘶声，全部溶解，残液洁净。

(2)泥灰岩：遇稀盐酸后起泡少，反应速度很快减慢，反应残液浑浊有泥质沉淀。

(3)白云质灰岩：遇稀盐酸起泡弱，并能持续一段时间；遇热稀盐酸起泡剧烈。

(4)灰质白云岩：遇稀盐酸片刻微起泡，遇热稀盐酸起泡剧烈。

(5)白云岩：遇稀盐酸不起泡，遇热稀盐酸起泡剧烈。

(6)白云化灰岩：遇稀盐酸后起泡少，酸解后颗粒表面常因保留白云石晶体而显粗糙，遇热稀盐酸起泡剧烈。

三、碳酸盐岩含量测定法

(一)分析原理

根据纯石灰岩、纯白云岩的化学成分，确定每单位方解石和白云石与盐酸完全反应后质量的减少量，利用电子天平测量反应产生的质量减少数量，并据此计算碳酸盐含量的方法，称为质量法碳酸盐含量分析技术。通过大量的实验数据建立了数学模型，主要数学表达式如下：

$$Y = (Y_2 - Y_1 - 1.28Y^K)(C - DY/100)$$
$$EH^K = H - Y_1 + AY^B \tag{2-9}$$

式中：Y 为白云石质量分数；H 为方解石质量分数；A、B、C、D、E、K 为实验系数；Y_2、Y_1 为实验分析数据。

(二)误差分析

1. 分析周期

根据上述数学模型编制软件，计算机自动解释，并设置短周期分析(120s)、长周期分析(180s)、精确分析(1000s以上)三种分析周期。分析时间越长，分析结果越准确、分析误差越小。

2. 样品质量

样品质量一般为1g。应对分析样品准确称重，以减小测量误差；一般情况下，样品越多，分析误差越小。

3. 混合时间

分析开始后应迅速将样品与盐酸完全混合。一般应在30s内完全混合，反应结束前停止振动烧杯并放回到天平上，对分析结果影响较小；与标定分析时混合时间一致，误差最小。若在30~60s之内混合均匀，则对白云石含量的影响大致在5%~10%（相对误差）范围内。

4. 环境温度

尽可能在与标定温度相近的条件下分析样品，以减小分析误差。

5. 样品研磨

样品中的化学成分不同，分析结果影响也不同，分析前应尽可能将样品研细。通常而言，样品颗粒越大，分析误差就越大。

(三) 分析准备

(1) 仪器放置于操作台上，通过仪器房UPS电源供电，三孔插座PE端子应与保护接地线连接可靠。

(2) 打开电子天平电源，等待设备自检完成。

(3) 启动分析软件，在"数据库"菜单上创建数据库或者选择数据库。选择菜单中的相应功能，在对话框的文件名栏填写文件名。

(4) 样品分析前，按照仪器使用说明书操作，对仪器称重系统进行校准，1g标准样品的称量误差应不大于0.001g。

(5) 用标准样品对碳酸盐含量分析仪进行标定。

(6) 选取具有代表性、用研钵研细的干燥样品1g，备用。

(四) 样品分析

(1) 在样品分析界面上录入分析时间、井号、井深、温度等基本参数，分析周期设置为180s。

(2) 烧杯中放入8mL浓度10%的盐酸（加2%消泡剂），置于电子天平称重盘，再将一张称样纸放在烧杯上。

(3) 待称量稳定后，软件读入相对零位。将1g样品放到称样纸上。

(4) 点击"倒计时准备"，分析程序进入5s倒计时。

(5) 在倒计时结束时尽快将盐酸与样品混合均匀（30s内完全混合），并将烧杯与称样纸一并放回到电子天平称重盘上。

(6) 一个分析周期后，样品与盐酸充分反应，窗口自动显示分析结果。

(五) 采集参数

记录碳酸钙、碳酸镁钙、其他成分的相对百分含量，填写"碳酸盐含量分析记录"。

第三章 气体录井

第一节 概　　述

气体录井是采用气体检测系统，对钻井过程中随钻井液返出井口的天然气成分和含量进行检测，分析判断储层中的流体性质、预测产能的作业。气体录井检测地层天然气有烃类气体和非烃类气体，烃类气体主要包括甲烷（CH_4）、乙烷（C_2H_6）、丙烷（C_3H_8）、丁烷（C_4H_{10}）、戊烷（C_5H_{12}），非烃类气体包括氢气（H_2）、二氧化碳（CO_2）、一氧化碳（CO）、硫化氢（H_2S）等。

一、天然气主要性质

与气体录井相关的天然气的主要性质有可燃性、吸附性、溶解性。天然气在地层中的储集状态主要有游离状态、溶解状态和吸附状态三种。气层中或油气层顶部的天然气是以游离状态存在于地层中，称为游离气；溶解在石油中的天然气是以溶解状态存在于地层中，称为溶解气；吸附在岩石表面的天然气是以吸附状态分布在地层中。钻井过程中，气体录井所检测的天然气主要是游离气和溶解气。

二、气体录井概念

（1）地层气在钻井过程中，含天然气的地层被钻头钻开后，地层中的天然气以不同方式进入井筒内的钻井液，随钻井液返出井口。

破碎气：在钻进过程中，钻头机械破碎岩石而释放到钻井液中的气体。单位时间钻开的油气层体积越大，进入钻井液的气体越多，这是现场录井人员及时发现油气显示的基础。

岩屑气：岩屑孔隙中所含的游离气和吸附气随钻井液上返过程中体积膨胀而脱离岩屑进入钻井液的气体。

压差气：当井筒钻井液柱压力小于地层孔隙或缝洞压力时，因压差作用进入钻井液中的气体。

扩散气：油气层中经扩散作用进入钻井液的气体。扩散指气体分子从浓度高的地方（地层）向浓度低的地方（井筒）移动。

（2）检测气在钻井过程中，新钻开油气层的破碎气、岩屑气和已钻过油气层的压差气、扩散气呈游离状态以气泡形式与钻井液混合、返到地面，可以被气体录井仪器检测到。通过分析钻井液中气体的成分和含量，可以及时发现油气显示、综合评价油气层。

接单根气：由接单根产生的压差气。

起下钻气：由起下钻产生的压差气。

单根峰：因接单根导致在一个循环周时间内出现的气测异常。

抽汲峰：因上提钻具出现的气测异常。

后效：在钻井液静止（含起下钻或短起下钻时间）时，被钻穿油气层中的流体由于压差、扩散等原因进入钻井液并沿井眼上窜，导致在一个循环周期时间内出现气测异常的现象。

第二节　烃类气体资料采集

气体录井一般由综合录井仪的气测部分或气测录井仪进行现场资料采集。气体录井硬件系统组成：气体采集装置（脱气器）、净化与分配系统（附属设备）、组分分离系统（色谱柱）、气体检测系统（检测器）、数据记录系统（采集计算机）。

一、基本原理及安装

（一）气体采集装置（脱气器）

脱气是气体录井的最基础工作，由气体采集装置完成，目前通常采用电动脱气器装置。

1. 脱气器结构组成

电动脱气器由以下部分组成：脱气室、钻井液出口、旋转搅拌棒、钻井液挡板、挡圈、空气进入口、样品气排出口、防爆三相电动机、电机接线盒、电机固定螺栓、固定托架、托架固定螺栓、升降固定螺栓、升降支柱、支柱定位销子、气液分离器、防堵器主体、防堵器内浮子、干燥剂筒、单流阀、连接用橡胶软管，如图 3-1 所示。

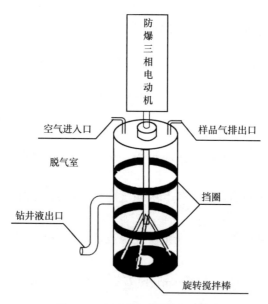

图 3-1　电动脱气器结构示意图

2. 电动脱气器的工作原理

当钻井液流经脱气器时，旋转搅拌棒在电动机的带动下，对进入脱气室的钻井液进行快速旋转搅拌，由于离心作用和脱气室壁的限制，钻井液呈旋涡状沿桶壁快速上升，当遇到挡圈时钻井液被破碎，此时钻井液表面积急速增大，其所携带的天然气被大量析出，完成脱气过程。

3. 脱气器安装

(1)将脱气器安装于高架槽(靠近高架管出口)、缓冲槽或振动筛三通槽内。

(2)应安装于槽内钻井液流动性好、液面平稳处。

(3)脱气器与槽内钻井液面垂直,上下调节装置灵活,脱气室钻井液排出口方向与槽内钻井液流动方向相同,排出口的钻井液量以占排出口口径的2/3为宜,以保证脱气效率。

(4)防爆三相电动机电缆连接采用防爆接线盒或额定电流不小于10A的防爆插销。

(5)脱气器调节、滑动、紧固摩擦部位涂抹润滑油脂,保证调节灵活;脱气器样品气排出口与管线连接紧密不泄漏。

4. 气管线安装

(1)架线要求:仪器房与振动筛间样品气管线采取高空架设,架线杆高度不小于3m,使用直径5mm的钢丝作为承重绳,样品气管线捆扎在承载钢丝绳上,间距0.5~1m,承力处应加装绝缘防护套。

(2)样品气管线:应采用双管架设,管线内径4~6mm,长度余量不大于2m,保持管线畅通且无泄漏,放空管线应接至仪器房外。

(3)每班从脱气器进气口进样一次,检查气体管路畅通密封情况。

(4)样品气管路延迟时间应小于2min。

5. 欠平衡钻井条件下气体样品采集

钻井液欠平衡钻井中,在经液气分离器分离后的气体管线上采集样品气。如果在排气管线上安装了气体流量计,应记录气体流量数据。

(二)净化与分配系统(附属设备)

脱气器采集的样品气体经气管线输送到净化与分配系统,该系统由室外、室内防堵、过滤、除湿净化系统及样品气、动力气、燃烧气、载气气路分配系统组成,其中动力气、燃烧气、载气分别由附属设备(空气压缩机、氢气发生器)产生。氢气发生器自动调节氢气产生量,为色谱仪提供载气、燃气;空气压缩机压缩空气,为色谱仪提供动力气、助燃气。

通过净化与分配系统,实现样品气的净化和样品气、空气、氢气的优化分配,确保色谱仪和二氧化碳气体检测仪稳定、可靠工作。

(三)组分分离系统(色谱柱)

色谱柱工作原理:由于不同气体与某一种物质的分配系数(吸附能力或溶解度)不同,当气体混合物(流动相)与固定相(不流动的固体或液体)物质做相对运动时,气体物质在固定相中反复进行多次分配,使不同的气体组分被完全分离。固定相一般装在一定长度的管子中,将装有固定相的管子称为色谱柱。

以气体作为流动相的色谱分析方法称为气相色谱分析法,又可分为气液色谱分析法和气固色谱分析法。

1. 气液分离原理

气液分离法是以液体作为固定相,经过净化后的样品气随载气进入装有固定相的色谱柱时,混合气体中的各组分均可溶解在固定相液体中。由于各组分的溶解度不同,当载气不断通过色谱柱时,组分就随着载气向前移动,在移动过程中,经过多次溶解与逸出,溶解度较小的组分向前移动的速度较快,而溶解度较大的组分向前移动的速度较慢,各组分将依溶解度的大小依次分开,从而达到了分离组分的目的。

2. 气固分离原理

气固分离法是以固体作为固定相，经过净化后的样品气随载气通过装有固定相的色谱柱时，混合气体中的各组分均可被固体吸附剂吸附。由于吸附剂对各组分的吸附能力不同，当载气不断通过色谱柱时，组分随载气向前移动，在移动过程中，经多次连续不断地吸附与解吸，吸附能力弱的组分随着载气向前移动的速度快，而吸附能力强的组分随载气向前移动的速度慢，各组分将依吸附能力的大小依次分开，从而达到分离组分的目的。气相色谱柱分离混合样品气体原理，如图3-2所示。

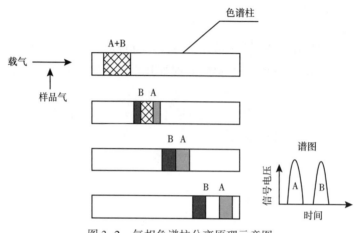

图 3-2　气相色谱柱分离原理示意图

（四）气体检测系统（检测器）

氢火焰离子化检测器（FID）是常用的烃类气体检测器，利用该检测器对样品气进行检测，将检测出的烃类气体组分、含量信息转换成电讯号。检测器的性能指标由灵敏度和敏感度来衡量。灵敏度指一定量的组分通过检测器时，输出信号的大小称为检测器对这一组分的灵敏度，也叫作应答值或响应值。敏感度也称最小检知量，指使检测器产生恰好能鉴别的信号，也就是说产生的信号恰好等于基线波动2倍时，单位体积或单位时间内进入检测器的最小物质量。

1. 氢火焰离子化检测器结构组成

氢火焰离子化检测器是利用烃类气体在氢气—空气火焰中燃烧，发生离子化反应，在加一定电压的两极间形成离子流，通过测量离子流的强度，即可检测出该烃类气体组分的含量。氢火焰离子化检测器由离子室、收集电极、下电极、喷嘴、喷嘴座、空气分配盘、底座、排气调节螺帽等组成，如图3-3所示。

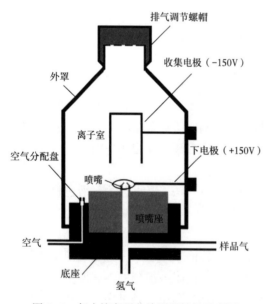

图 3-3　氢火焰离子化检测器结构示意图

2．工作原理

当气体样品组分从色谱柱流出后，由载气（氢气）携带进入检测器从喷嘴喷出，在离子室氢火焰高温作用下，样品组分被电离形成正离子和电子，在直流电场作用下，正离子和电子各向其相反极性的电极移动，从而产生微电流信号。

3．检测范围

氢火焰离子化检测器可检测 C_1、C_2、C_3、iC_4、nC_4、iC_5、nC_5 等烃类气体，其测量范围取决于色谱柱的长度和分析时间。该检测器气体浓度响应的线性好且较稳定，具有极高的灵敏度和较大的检知范围，不足之处是样品气中的杂质容易导致基线漂移。

（五）数据记录系统（采集计算机）

（1）按照不同的时间间隔记录气体录井各项数据，并保存于计算机。同时，可以在保存数据的同时加挂谱图记录仪，记录各样品气体组分的谱图，然后按照峰值与浓度的相互对应关系，记录检测各组分的浓度。记录的数据分为实时数据和整米数据，现场一般记录、分析整米数据。

（2）气相色谱谱图如图 3-4 所示。

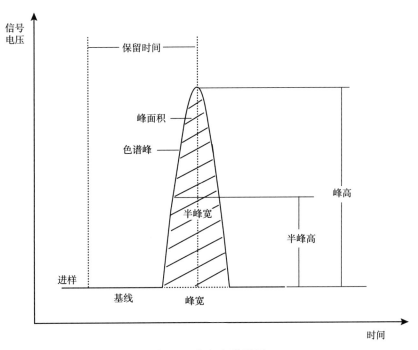

图 3-4　气相色谱谱图

①基线：只有纯载气通过色谱柱和检测器时的记录曲线，通常为一条直线即电信号为 0mV 时的记录曲线。

基线噪声：由于各种因素引起的基线波动。

基线漂移：基线随时间延长出现的缓慢变化。

②色谱峰：组分从色谱柱流出进入检测器后，检测器的响应信号随时间变化所产生的峰形曲线。

③峰高（h）：色谱峰最高点与基线之间的垂直距离。

④峰宽（W）：在色谱峰两侧曲线的拐点处作切线，切线与基线相交于两点之间的线段。

⑤半峰宽（$W_{1/2}$）：半峰高处色谱峰的宽度。

⑥峰面积：色谱峰与峰宽所包围的面积。

⑦保留时间（t_R）：被分离样品组分从进样开始到某一组分出现谱峰顶点（该组分浓度极大值）时所需要的时间。

⑧分离度（R）：相邻两个色谱峰分离程度的优劣，如图3-5所示。分离度的计算公式为：

$$R = 2\Delta t_R / (W_A + W_B) = 2\left[t_{R(B)} - t_{R(A)}\right] / (W_A + W_B) \qquad (3-1)$$

式中：Δt_R 为相邻两峰的保留时间之差；$t_{R(A)}$ 和 $t_{R(B)}$ 分别为 A、B 组分的保留时间；W_A 和 W_B 分别为 A、B 组分色谱峰的峰宽。

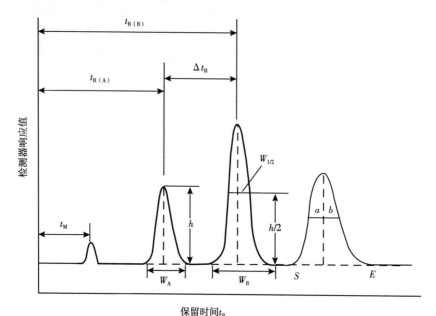

图3-5 多组分分析谱图示意图

h—峰高；$W_{1/2}$—半峰宽；t_M—保留时间；S、E—峰的起始时间；a—峰底到峰顶的半峰宽；b—峰顶回落的半峰宽

二、烃类气体录井仪器标定与校验

(一)标定

1. 标定要求

（1）每年应对仪器进行一次标定。

（2）新设备投入使用前、录井过程中更换核心（重要）检测元件后，技术指标偏离，不能满足技术指标的要求时，应重新进行标定。

（3）标定时，按照最小检测浓度和最大检测浓度范围，进行多点标定，进样浓度从小到大依次进行。

2. 技术指标

（1）全烃、烃组分：分别注入对应的最小检测浓度样品气，应能被检知。

（2）全烃和烃组分的基线漂移应不大于±0.1mV/h。

（3）电噪声误差不超过 0.05mV。

（4）测量误差不大于5%。

（5）重复性误差不大于5%。

（6）组分峰为甲烷、乙烷、丙烷、异丁烷、正丁烷、异戊烷、正戊烷7个谱峰，烃组分分离度≥1.0；其中，用1%混合气检测，甲烷、乙烷分离度≥1.5。

3. 全烃标定

用C1标准气样标定，依次分别注入浓度为0.01%、0.1%、1%、5%、10%、50%、100%的标准气样，检测结果满足技术指标要求。

4. 烃组分标定

用C_1、C_2、C_3、iC_4、nC_4、iC_5、nC_5标准气样标定。

（1）C_1依次分别注入浓度为0.01%、0.1%、1%、5%、10%、50%和100%的标准气样。

（2）C_2、C_3、iC_4、nC_4、iC_5、nC_5依次分别注入浓度为0.001%、0.01%、0.1%、1%、5%、10%和50%的标准气样。

5. 重复标定

一次标定完24小时后再进行第二次标定，进行重复性检查，检测结果满足技术指标要求。

（二）校验

1. 校验要求

（1）标定时得到的值，作为校验的标准值。

（2）校验时仪器的流量、压力、温度、保留时间应与标定时一致。

（3）校验时进样浓度从小到大依次进行，每个校验点至少进样两次，每个校验点的平均值作为该浓度的标准值。

（4）气体录井仪的校验分为基地校验、现场校验。

2. 技术指标

（1）最小检测浓度和重复性误差同标定要求。

（2）各浓度点计算机采集值与标定曲线对应值相比较，测量误差不大于5%。

3. 基地校验

（1）全烃：用不同浓度的C_1标准气样进行校验，检测结果满足技术指标要求。

（2）烃组分：用不同浓度的C_1、C_2、C_3、iC_4、nC_4、iC_5、nC_5（或混合）标准气样进行校验，检测结果满足技术指标要求。

4. 现场校验

每口井录井前、每次起下钻期间、录井过程中气体测量单元每次故障维修后和每次关、开机前后时间超过2小时，应使用检测范围内不少于两个不同浓度值的标样进行一次校验，检测结果满足技术指标要求。

三、烃类气体采集参数

采用氢火焰离子化检测器直接检测，烃类气体录井采集的参数有全烃和烃组分：甲烷、乙烷、丙烷、异丁烷、正丁烷、异戊烷、正戊烷。

（一）全烃

（1）全烃为连续测量、记录。

(2)最小检测浓度为 0.01%。

(3)检测范围：最小检测浓度至 100%，保留 3 位小数。

（二）烃组分

(1)应检测 C_1、C_2、C_3、iC_4、nC_4、iC_5、nC_5。

(2)分析周期：用 1% 混合气检测，色谱分析周期应在 30s（也可以根据需要选择 120s）内分析完正戊烷，如图 3-6 所示。

(3)最小检测浓度：C_1 为 0.001%，C_2—C_5 为 0.001%。

(4)检测范围：最小检测浓度至 100%，保留 3 位小数。

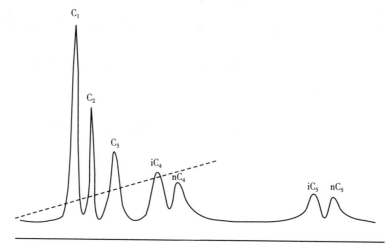

图 3-6　烃类气体检测组分分布图

四、烃类气体随钻检测

（一）资料录取要求

随钻连续录取全烃、烃组分及其含量，记录井深、钻时、迟到时间、钻井液性能与流量等资料。

（二）录井报表

1. 录井班报

"录井班报"中重点填写随钻气测异常显示情况。

2. 气测录井数据表

(1)填写"气测录井数据表"，包括井深、钻时、全烃、烃组分、非烃组分、迟到时间、钻井液性能以及起下钻、接单根等标注内容。

(2)时深转换：按井深顺序每米一点进行资料整理。

(3)全烃取 1m 间的最高值，烃组分取全烃对应处的烃组分。在采样间距内没有数据时，根据相邻上、下采样点的数据进行插值。

(4)异常数据：用停泵后一个管路延时检测的气体值，替换开泵后一个管路延时的值，消除管路延时影响，恢复真实状态的气体参数。

(5)无效数据：删除空、假数据记录。

（三）资料编辑回放

(1)编辑回放气测录井图，绘制随钻地质录井图，内容根据各油田需求而定。

（2）气测曲线：曲线纵坐标为时间和深度，横坐标为气体成分和含量。

（3）绘制要求：气体录井栏宽度根据需要设置，用不同颜色、线型分别绘制全烃曲线、组分曲线，便于区分；标注烃组分及其数值。

五、后效检测

(一) 概念

1. 油气上窜

钻井过程中，钻开油气层后，钻井液在井筒内静止（含进行起下钻作业）一段时间，由于停泵和上提钻柱的抽汲效应，井筒内液柱压力小于地层压力，在压差作用下，地层中的油气进入井筒钻井液，并沿井筒向上流动的现象，称为油气上窜。

2. 油气上窜速度

单位时间内油气上窜的距离称为油气上窜速度，单位为 m/h，保留 1 位小数。

油气上窜速度计算公式如下：

$$v = \frac{H_{油} - \dfrac{H_{钻头}\,(t - t_{停})}{t_{迟}}}{t_{静}} \qquad (3-2)$$

式中：v 为油气上窜速度，m/h；$H_{油}$ 为油气层深度，m；$H_{钻头}$ 为循环钻井液时钻头的深度，m；$t_{迟}$ 为井深（$H_{钻头}$）的迟到时间，min；t 为从开泵循环至见油气显示的时间，min；$t_{停}$ 为从开泵循环至见油气显示之间的停泵时间，min；$t_{静}$ 为静止时间，起钻前停泵至本次开泵的时间，h。

3. 后效检测

在钻井过程中，经过起下钻或适当井段的短起下钻后，开泵循环，记录一个循环周期内后效的过程，称为后效检测。

(二) 后效检测要求

（1）钻遇油气显示后，每次起钻前应短起下钻进行后效检测，利用后效检测资料计算油气上窜速度；下钻到底后，应循环钻井液一个周期以上，进行后效气体检测，重新计算油气上窜速度。

（2）根据停泵持续时间判断是否为有效的后效，确定后效数据提取的起点。

（3）根据迟到时间，提取首个循环周期采集的气体数据.

（4）计算后效气体数据所对应的归位深度。

(三) 后效检测记录

1. 录井班报

按要求填写"录井班报"有关后效检测的内容。

2. 后效气体检测记录

填写"后效气体检测记录"，内容包括日期、井深、钻头位置、井筒静止时间、迟到时间，钻井液密度、黏度、电导率及槽面显示情况、开泵时间及全烃出峰开始时间、开始值、高峰时间、高峰值、结束时间、结束值，油气上窜高度、油气上窜速度、油气后效归位井段。

3. 后效检测记录填写要求

（1）时间：按××××年××月××日填写。

（2）钻头位置：测量后效时钻头下深，单位为 m，保留 2 位小数。

（3）全烃峰值：测量后效过程中仪器检测到最高值，单位为%，保留 2 位小数。

（4）上窜速度：单位为 m/h，保留 1 位小数。

（5）密度：密度变化情况，单位为 g/cm³，保留 2 位小数。

（6）黏度：黏度变化情况，单位为 s，保留整数。

（7）槽面显示：油花和气泡产状、油气味及所占百分比。

（8）井筒静止时间记录上次循环钻井液结束至本次循环钻井液开始的时间间隔，精确到分钟。

4. 后效数据库建立

根据后效气体检测记录，建立后效数据库和绘制气体参数曲线。

六、钻井液热真空蒸馏气分析

（一）取样要求

（1）遇特殊情况或仪器故障不能正常气体录井时，每 1m 取一个样品。钻井取心时，根据需要每取心钻进 1m 取一个样品。循环钻井液时，应取钻井液基值样。

（2）应在脱气器前取样，用 500mL 取样瓶取满钻井液，密封倒置并粘贴取样标签。

（二）热真空蒸馏气分析方法

（1）热真空蒸馏气：使用热真空蒸馏方法分离钻井液样品中的气体。

（2）分析方法：抽真空使真空度达到 -0.1 ~ -0.09MPa，抽蒸馏钻井液 250mL，搅拌、加热到钻井液沸腾，3 ~ 5min 内脱气量应小于 50mL。分析时的总注样量为 2 ~ 8mL，在记录曲线上标注钻井液样品深度，并填写分析记录。

（三）分析记录

钻井液取样分析后，填写"钻井液热真空蒸馏气分析记录"，内容包括井深、取样日期、取样人、分析日期、分析人、脱气量、全烃值、烃组分含量、非烃组分含量、钻井液性能。

第三节　非烃类气体资料采集

现场录井过程中对非烃类气体资料录取主要有二氧化碳、氢气、硫化氢等。

一、二氧化碳、氢气

（一）采集仪器

1. 热导池检测器（TCD）

（1）热导池检测器是在一不锈钢块体上钻出四个细长的孔作为池体，每个池体中都固定有一个长短、粗细、电阻值相同的钨丝热敏电阻，四个池体对对相通，其中一对通入样品气称为测量臂，另一对通入载气称为参考臂。将四个钨丝热敏电阻接成惠斯登电桥，构成热导池检测器，如图 3-7 所示。

（2）工作原理：热导池检测器主要是利用不同气体导热能力的不同来检测其浓度，相同气体浓度不同，热导能力不同。

在惠斯登电桥中加上固定电压，参考臂通入载气，测量臂通入样品气，由于气体的浓度不同所带走的热量不同，导致电阻值变化，破坏了电桥的平衡，检测出电桥电流的变化值，再将这个变化值转化为气体浓度值，如图 3-8 所示。

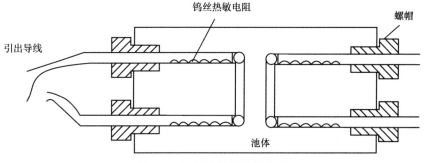

图 3-7　热导池检测器示意图

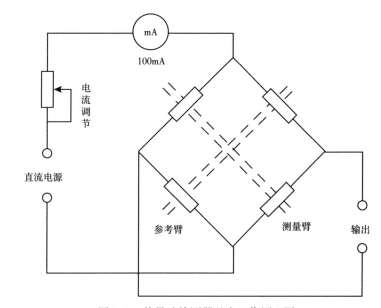

图 3-8　热导池检测器基本工作原理图

（3）检测范围：热导池检测器用于检测二氧化碳、氢气等非烃气体。

TCD 缺点是热导池检测器受温度的影响较大，稳定性较差；当气体浓度低于 1% 时，灵敏度降低，零线漂移较大。

2. 红外线检测器

（1）红外线检测器由光源、滤光片、气室、检测器等部件组成，结构较为简单。要求工作电压：+24VDC，信号输出：4～20mA；工作环境：-40～60℃。

（2）工作原理：红外线检测器是基于不同气体对红外线有选择吸收的原理而制成的。吸收关系遵循朗伯—比尔定律。红外光源发出 1～20μm 的红外光，红外线强度为 I_0，它通过一个长度为 L 的气室后，强度变为 I_1。如果气室中没有吸收红外线能量的气体时，$I_0 = I_1$，如果气室中有吸收红外线能量的气体，这时 I_1 满足下式：

$$I_0 = I_1 e^{-KCL} \qquad (3-3)$$

式中：C 为被测气体的浓度；K 为气体的红外线吸收系数，当气体的种类一定时，K 为一定值；L 为气室的长度，当 L 一定时，I_1 的大小仅与气体浓度有关，测量所得到 I_1 的变化即为被测气体浓度的变化。

3. 检测范围

红外线检测器可检测二氧化碳、一氧化碳、甲烷等气体。

测量范围：0~20%，测量精度：满量程±1%。红外线检测仪的测量精度及稳定性受环境影响较大，容易出现测量值误差或测量值漂移。

（二）仪器标定与校验

仪器技术指标见表3-1。

表 3-1　检测仪器主要技术指标

序号	校准项目	技术指标
		非烃（H_2、CO_2）
1	基线漂移（%）	±1.0（60min）
2	最小检测浓度（%）	H_2：≤0.01、CO_2：≤0.2
3	测量误差（%）	±2.5
4	重复性（%）	2.5

1. 标定与校验条件

（1）仪器房内温度为5~30℃，相对湿度不大于70%。

（2）气体测量单元开机，基线稳定后方可进行校验，仪器技术指标符合表3-1的规定。

（3）校验时仪器的流量、压力、温度、保留时间与标定时一致。

（4）标定时得到的值，作为校验的标准值。

（5）进样浓度从小到大依次进行。

（6）每个校验点至少进样两次，平均值作为该浓度的标准值。

2. 标定

（1）二氧化碳、氢气的最小浓度检测：分别注入对应的最小检测浓度样品气，应能被检知。

（2）二氧化碳和氢气重复性检测：分别注入1%二氧化碳和1%氢气标准气样两次，重复性误差符合表3-1的规定。

（3）二氧化碳标定：分别注入浓度为0.2%、1%、5%、10%、50%和100%标准气样。

（4）氢气标定：分别注入浓度为0.01%、0.1%、1%、3%标准气样。

（5）在计算机相应的调校窗口或打印图上标注气样名称、浓度、仪器型号、仪器编号、小队号、操作员姓名、操作日期和技术条件，技术条件包括流量、压力、温度、保留时间。

（6）由各浓度点和相应的计算机采集值建立标定曲线。

（7）标定间隔为12个月。

（8）新设备投入生产前、录井过程中更换重要检测元件后，技术指标偏离，不能满足表3-1的规定时，应进行标定。

3. 校验

（1）最小检测浓度和重复性误差同"标定"要求。

（2）二氧化碳用不同浓度的标准气样进行校验。

（3）氢气用不同浓度的标准气样进行校验。

（4）各浓度点计算机采集值与标定曲线对应值相比较，测量误差符合表3-1的规定。

（5）每口井录井前或连续录井时间大于 90 天时，应进行校验。

（6）录井过程中气体测量单元每次故障维修后、起下钻期间和每次关、开机前后时间超过 2 小时，应进行校验。

（三）资料采集

1. 随钻或循环后效检测非烃类气体

（1）检测参数：二氧化碳含量、氢气含量。

记录井深、钻时、迟到时间、钻井液性能与流量。

（2）二氧化碳：有两种采集方式，一是采用红外线二氧化碳分析仪分析并记录不同浓度的二氧化碳；二是随烃类气体录井一同由分析仪器检测，采用气固吸附色谱分离技术，将混合样品气中的二氧化碳分离出来，采用热导池检测器以电讯号的形式记录二氧化碳的浓度。

（3）氢气：一般情况下是随烃类气体录井一同由分析仪器检测。采用气固吸附色谱分离技术，将混合样品气中的氢气分离出来，采用热导池检测器以电讯号的形式记录氢气的浓度。

2. 注意事项

（1）红外线检测仪的测量精度及稳定性受环境影响较大，容易出现测量值误差或测量值漂移，因此录井仪器房应满足温度、湿度要求。

（2）红外线检测仪的测量精度及稳定性受分析样品的洁净度影响较大，样品气应经过彻底干燥及净化后进行分析。

（3）二氧化碳可溶于水形成碳酸，与碱性钻井液（水基钻井液 pH 值一般大于 9）发生中和反应，造成二氧化碳录井出现低值或无值的现象。

3. 录井数据表

（1）二氧化碳、氢气录井数据表应包括井深、钻时、全烃值、二氧化碳（氢气）含量、迟到时间、钻井液性能以及起下钻、接单根等标注内容。

（2）按井深顺序每 1m 一点进行资料整理。

（3）二氧化碳含量、氢气含量取 1m 间的最高值对应处的二氧化碳含量、氢气含量。

（4）"钻井液热真空蒸馏气分析记录"内容包括井深、取样日期、取样人、分析日期、分析人、脱气量、二氧化碳含量、氢气含量、全烃值、钻井液性能。

4. 编辑回放二氧化碳、氢气气测录井图

同本章第二节"四、烃类气体随钻检测"。

二、硫化氢

（一）硫化氢传感器

1. 工作原理及指标

（1）硫化氢传感器工作原理：利用一种特殊的金属氧化半导体（MOS）的吸附效应来检测硫化氢气体。此 MOS 薄片放置在两个电极之间衬片上，无硫化氢气体时，两电极间电阻值很大；当有硫化氢气体吸附在薄片上时，两电极间电阻值减小，电阻值的变化与硫化氢浓度呈对数比例关系。当传感器检测到硫化氢气体时，电阻值的变化被仪器转换成电流信号，并输出为硫化氢浓度。

（2）硫化氢传感器仪器性能：工作电压 24VDC，输出信号 4~20mA。

（3）环境温度：$-20 \sim 60 ℃$，环境湿度：10%~70%。

2．技术指标

（1）测量范围：一般为 $0\sim100\times10^{-6}$，最大允许误差 $\pm2\times10^{-6}$。

（2）分辨率：1×10^{-6}。

（3）起始响应时间不大于 20s。

（4）响应时间：60s 内应达到样品浓度的 90%，保留 1 位小数。

（二）固定式硫化氢传感器安装

（1）固定式硫化氢传感器安装要求。

①安装前，关闭供电电源。

②安装操作不应与钻井队交叉作业。

③传感器固定牢靠，传感器测量端加装透气防护罩以防水、防污。

（2）固定式硫化氢传感器安装位置。

固定式硫化氢传感器安装在靠近钻井液导管出口的高架槽或缓冲罐内，液面上方高度不大于 0.3m。

（3）其他位置若需安装固定式硫化氢传感器，根据需要安装。

①井口处：安装在圆井口旁，距地面高度为 $40\sim60$cm。

②司钻操作台：安装在司钻操作台旁，距司钻 0.5m 内，距钻台面高度为 $40\sim60$cm。

③仪器房内：安装在仪器操作员旁，距操作员 0.5m 内，距仪器房地板高度为 $40\sim60$cm。

（三）室外报警器安装

室外声光报警器安装在仪器房顶部靠井场一侧处，架设高度应超出录井仪器房顶 0.3m。报警器功率不小于 20W，频率 $50\sim60$Hz，报警声压 $100\sim120$dB，警示灯光亮度不小于 2500mcd。

（四）硫化氢传感器标定与校验

1．标定与校验条件

固定式硫化氢传感器通电运行 60min 以上基线稳定后方可进行标定或校验，标定或校验环境通风良好。

2．标定

（1）依次分别注入浓度为 0.001%、0.002%、0.005%、0.01% 的标准气样，各进样浓度点的计算机采集值与理论计算值比较最大允许误差为 $\pm2\times10^{-6}$，要求 60s 内达到进样浓度点的 90% 以上。

（2）由各浓度点和相应的计算机采集值建立标定曲线，标定后填写标定原始数据记录表，随仪器保留相应记录。

（3）标定间隔为 12 个月。

（4）新设备投入生产前、录井过程中更换重要检测元件后，技术指标偏离，不能满足技术指标要求时，应进行标定。

3．校验

（1）正式录井前依次注入浓度为 0.001%、0.002%、0.005%、0.01% 的标准气样，各浓度点计算机采集值与理论计算值相比较，最大允许误差为：$\pm2\times10^{-6}$ 或 $\pm10\%$，取最大值。

（2）钻井过程中，硫化氢传感器每 7 天使用 15mg/m³ 浓度的硫化氢标样进行一次校验；录井过程中，每次故障维修后应进行校验。测量值与校准值的误差不大于 1.5mg/m³。

（3）仪器校验后填写并保留相应记录，计算机调校窗口或打印输出同标定记录要求。

（五）采集参数

综合录井仪固定式硫化氢传感器应连续采集、记录硫化氢浓度值，按要求填写"气测录井数据表"。

第四节　主要影响因素

一、地层因素

（一）地层流体

地层中气体的含量越多，气测显示越好。

（二）储层性质

储层厚度、孔隙度、渗透率、含油气饱和度越大时，气测异常显示越好。

（三）地层压力

地层压力越大，井底负压差（钻井液柱压力小于地层压力）越大，气测异常显示越好。

二、钻井因素

（1）钻头直径：钻头直径越大，单位时间内破碎的岩石体积越大，钻井液与地层接触面积越大，气测异常显示越好。

（2）机械钻速：机械钻速越大，单位时间内破碎的岩石量越大，钻井液与地层接触面积越大，气测异常显示越好。

（3）钻井液密度：钻井液密度越大，井筒液柱压力越大，井底压差越大，气测异常显示越差。

（4）钻井液黏度：钻井液黏度越大，脱气器脱气越困难，气测异常显示越差。

（5）钻井液失水量：钻井液失水量过大会使井壁滤饼增厚，造成气测后效显示变差。

（6）钻井液流量：钻井液流量越大，从井口返出单位体积钻井液中的含气量减小，气测异常显示越差。

（7）钻井液添加剂：造成假气测异常。

三、录井因素

（一）不同型号分体分析仪器

不同型号气体分析仪的分析速度和分析质量不同。

（二）脱气器安装因素影响

（1）脱气器入液面太深，脱气效率低。

（2）脱气器入液面太浅，液量不够。

（3）进气口堵塞，气体解析不足。

（三）色谱柱污染

色谱柱污染会影响气体分离度和测量精度。因此样品气进入检测器前必须经过净化、干燥处理：一是要经过过滤器，过滤掉样品气中的灰尘；二是湿度大及露点温度高于室温的被测气体通过仪器分析室会出现冷凝现象，样品气须经过干燥方可进行分析；三是选用或者设计特殊的过滤装置，将样品气中的黏稠物质分离出去。

第四章　工程录井

第一节　概　述

一、概念

工程录井是钻井过程中采集钻井工程参数对钻井作业实时监测，及时报告参数异常，辅助监控钻井施工、减少复杂情况、避免工程事故的作业。实时采集的钻井工程参数包括钻井参数、钻井液参数。

二、随钻监测

由传感器采集和系统实时计算得到的钻井工程参数，按照一定的采集处理速率在录井仪器房、地质值班房、钻台司控房、工程监督办公室、平台经理及工程技术员办公室、远端用户办公室等计算机工作站或显示终端上以数据和曲线的形式呈现出来，从而达到实时监测钻井施工的目的。

(一)钻井参数

实时监测的钻井参数包括大钩位置、大钩载荷、转盘转速、扭矩、立管压力、套管压力、泵冲。

(二)钻井液参数

实时监测的钻井液参数包括出口流量、池体积、进出口密度、进出口温度、进出口电导率。

(三)计算参数

由软件系统实时计算得到的钻井工程参数，包括井深、钻头位置、钻压、钻速、钻井液总池体积、钻头纯钻时间、钻头纯钻进尺、钻头成本等。

地质录井参数包括钻时等。

三、异常报告

工程录井技术人员根据实时监测结果，分析钻井工程参数的量值变化，预测可能发生的工程异常情况，编制"工程异常报告单"，并立即向钻井工程技术人员报告、预警。钻井工程技术人员接到异常报告后，应及时采取有效措施，避免工程事故发生，保证钻井施工顺利。

四、压力监测

通过程序软件利用钻井工程参数实时计算结果对地层异常压力进行监测的方法主要有dc 指数法、Sigma 指数法、地温梯度法、钻井液电导率法(氯离子法)、钻井液出口密度法、压力溢流法、钻井液池体积法、钻井液流量法等。

五、实用程序

工程录井系统中为钻井施工作业提供了多个实用程序，如水力学分析程序、抽汲与冲击分析程序、井斜程序、钻头性能分析程序、压井程序、下套管与固井程序等，为钻井工程技术人员提供技术支持。

第二节　组成及工作原理

工程录井是依托综合录井仪中的工程录井部分来实施的，通过硬件和软件两个系统实现各种工程参数的测量和处理分析。

一、硬件组成

工程录井仪硬件按功能构成分为四大部分。

(1)采集系统：主要有各类传感器、专项智能数据装置及信号电缆、防爆接线盒、电源电缆等。

(2)处理系统：用于资料处理的仪器房室内信号处理面板，包括信号接入系统（接线排、隔离栅、电流转电压板、A/D板，信号转换系统有 PCI 数据采集板）、网络系统（交换机、无线网络设备，显示面板有数字及曲线显示、服务器等）。

(3)辅助系统：包括供电电源及保护系统、UPS、保温及正压系统、外接网络设备(卫星小站)等。

(4)终端系统：包括显示终端(或计算机)、报警器、打印绘图设备、记录仪等。

二、软件组成

工程录井仪软件由三大部分组成。

(一)工程录井系统软件

按作用分为实时处理软件和脱机处理软件。实时处理软件主要包括实时采集、实时跟踪、实时显示、实时应用、实时配置、实时数据编辑转换处理等程序。脱机处理软件主要包括地质资料处理系统(录井图绘制、岩屑岩心和测井等资料录入处理、数据库维护、数据传输、数据转换、钻井工程各类实用分析与处理)和客户端监控系统(读取服务器数据进行曲线数字展示、预警处理、资料处理及输出)。

(二)操作系统软件

操作系统软件指工程录井系统软件的运行环境，不同型号的工程录井仪，通常有不同版本的 DOS 操作系统、Windows 操作系统、Unix 操作系统、不同类型的数据库管理系统(Access 数据库、SQL Sever 数据库等)。

(三)办公应用软件

用于文字、图片处理等所依托的处理软件，如 Office、WPS、抓图软件等。

三、工作原理

工程录井是通过各种传感器(压力变送、温敏感应、电磁振荡感应、临近开关、霍尔效应、超声波传导、阻值划变、压差测量、电化学反应等)将检测点的压力、温度、脉冲、液位、密度、电导率等物理信号转换成电信号（电流或电压），电信号经信号电缆传送给仪器房内的信号处理面板进行标准化信号处理、转换成数据，这些数据被计算机保存并输出生成各种参数曲线，如图4-1所示。

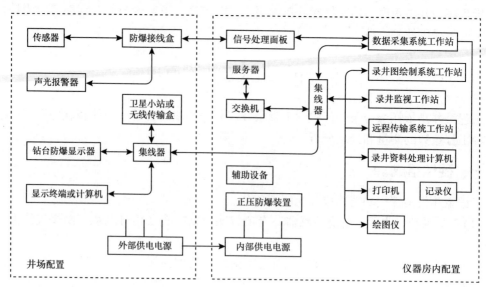

图4-1　工程录井数据采集处理工作流程图

第三节　仪器安装

一、安装原则

（1）安装、拆卸前，关闭供电电源，卸压。

（2）安装操作不应与钻井队交叉作业。

（3）传感器固定牢靠，防水、防污。

二、附属设施安装

（一）信号线缆

1. 架线要求

（1）仪器房至振动筛间的信号电缆应采取高空架设，架线杆高度不小于3m，采用直径5mm的钢丝绳作为承重绳，信号电缆捆扎在承载钢丝绳上，捆扎间距0.5~1m，供电电源线与信号线缆、气体管线分开捆绑，承力处应加装绝缘防护套。

（2）振动筛与钻台间的信号电缆架设应绕开钻井液压力管线区，信号电缆的钢丝绳捆扎间距0.5~1m，捆扎后的线缆承力处应加装绝缘防护套。

（3）钻井液罐区至架线杆的信号线缆应沿钻井液罐边沿布线，钻台区信号电缆应沿防护栏外侧布线，需通过钻井液罐面或钻台面的信号电缆应加装防护管。

（4）仪器房至地质房、钻井监督房和钻井工程师房的外部线缆可在井场外围的地面穿管或采用埋入地下的方式铺设，埋入地下的线缆要有防护管，非电源线缆亦可直接通过房顶铺设。电缆与房体及铁体棱角接触部位要采取防磨、隔热、绝缘保护措施。

(5)电缆入室过墙处应使用绝缘材料护线。仪器房内部电器设备、电气线路齐全完好，配电盘仪表指示正常，控制系统灵敏可靠。

2. 信号电缆

传感器信号电缆采用屏蔽电缆，每条信号电缆应标记对应传感器的名称，布线应绕开旋转体、钻井液压力管线、强电磁环境。

3. 接线盒

(1)钻台接线盒应固定于钻台防护栏距振动筛较近一侧，钻井液出口接线盒应固定于距离高架槽、缓冲槽或振动筛三通槽较近处，钻井液入口接线盒应固定于钻井液上水罐防护栏处。

(2)接线盒及信号电缆接入处应密封防水，信号线缆余量捆扎整齐。

(二)安全设施

仪器房安全门、安全窗与其他房体间距要大于 1.5m，且确保安全门、安全窗出口处有足够的逃生空间，逃生线路上无障碍物。

正压防爆型仪器房应取得具有防爆安全检测部门的资质认证，仪器房内压力大于空气压力 50～150Pa，当压差小于 50Pa 时，报警 1min 后仪器自动切断主供电电源。可燃性气体检测装置能检测可燃性气体范围为 0～100% 爆炸下限，精度±2%；当可燃性气体浓度为爆炸下限的 20%～50% 时，应报警；当可燃性气体浓度大于爆炸下限的 50% 时，应自动切断仪器主供电电源和风机电源。烟雾检测装置在检测到 2.4%obs（减光率）/m 的微弱灰色烟雾时，能自动切断仪器主供电电源和风机电源。应急照明装置能在供电电源中断 5s 内自动启动，持续照明时间不少于 20min。同时该系统具有人工紧急关闭全部电源装置，且关闭后具有锁定功能。

三、传感器安装

(一)绞车传感器

(1)安装前，与钻井工程相关人员沟通协调，确保安装过程中钻机停止运转，安装过程有人监护。

(2)安装时，确认绞车滚筒静止并已泄压。先卸下安装该传感器一侧的绞车滚筒轴低速离合器护罩和滚筒导气龙头，将传感器安装在远离电磁刹车、低速离合器一端的绞车滚筒轴上；确认传感器转子转动灵活，信号线及定子固定在滚筒轴导气龙头软管上。

(二)大钩载荷传感器

(1)安装前，与钻井工程技术人员沟通协调，确保安装过程中始终保持大钩空载、静止状态，且有人监护。

(2)安装时，使用高压胶管连接传感器，传感器快速插头与大绳死绳固定器的三通快速插头要相互匹配，连接紧密、无漏油。

(3)安装后，对油路注油并排气，避免因油路中存在空气而导致测量信号不稳定；在重载的状态下，检查油路有无渗油现象。

(4)在寒冷天气情况下，要对大钩载荷传感器采取保温措施。

(三)转盘转速传感器

(1)安装前，与钻井工程技术人员沟通协调，确保安装过程中转盘始终处于静止状态，且有人监护。

（2）传感器感应探头应安装在转盘旋转驱动轴处，以方便检查、维修和保养。

安装时，将金属激励物焊于链条箱与转盘间的万向轴或链条驱动轮上，传感器感应面与金属激励物水平对齐且间距保持8~20mm，防止传感器检测不到信号或感应物打碰探头而损坏传感器。

（四）扭矩传感器

安装前，与钻井工程技术人员沟通协调，确保安装过程中转盘始终处于静止状态，且有人监护。

1. 顶丝扭矩传感器

（1）将传压器置于转盘体与顶丝之间，调节上支撑提板高度，使传压器与顶丝中心轴线保持一致。

（2）将复位橡胶垫置于转盘体与顶丝之间，复位橡胶垫与转盘体切合，固紧螺杆。

（3）在支承转盘的钢梁表面涂抹润滑油脂。

2. 电动扭矩传感器

（1）安装前，按钻机转盘电机的供电类型，选择交流或直流电动扭矩传感器。

（2）传感器安装在驱动转盘电机的一根电源输入线上；当驱动转盘电机为直流电机时，电源电流方向与直流电动扭矩传感器标示方向相同。

3. 轮式扭矩传感器

（1）安装前，吊起链条箱，卸下转盘驱动链条。

（2）将过桥液压缸装置置于绞车传动轴与转盘驱动轴中央，并固定在链条箱底板上。扭矩轮的转动方向与转盘链条转动方向平行，液压缸升高5cm为宜。

（3）安装前核实传感器量程必须与压力转换器输出压力相对应，连接的快速接头相互间要匹配，不漏油。

（4）安装后，对油路注油并排气，避免因油路中存有空气而导致测量信号不稳定。

（五）立管压力传感器

（1）安装条件：有立管压力转换器或是立管上留有安装立管压力转换器的活接头（由壬）。

（2）安装前与钻井工程技术人员沟通协调，停泵，对立管进行卸压、排液，安装时有人监护，如需攀高安装，安装人员应佩戴安全带等保护装备。

（3）如果无立管液压转换器，先卸下立管旁通活接头的丝堵，安装好立管液压转换器，液压转换器应主体向上且与钻台面垂直，螺纹及活接头处连接牢固、无钻井液渗漏。

（4）使用高压胶管将传感器连接到立管液压转换器上，液压转换器与传感器的快速插头要相互匹配、连接紧密，连接处无油渗漏。

（5）液压转换器用卡箍及保险钢丝绳固定，保险钢丝绳活动余量应不大于30cm。

（6）若采用无腔薄膜压力传感器，应直接将传感器安装在同型螺纹接口处，接口处无钻井液渗漏。

（7）安装后，对油路注油并排气，避免因油路中有空气导致测量信号不稳定。

（六）套管压力传感器

（1）安装前确认节流管汇内无压力，节流管汇上留有安装套管压力传感器匹配的接头。

（2）液压转换器应安装在节流管汇的常开平板阀旁，并附有单向节流阀控制。

（3）液压转换器与套管压力传感器的快速插头连接紧密，连接处无油渗漏。

（4）若采用无腔薄膜压力传感器，应直接将传感器安装在同型螺纹接口处，接口处无钻井液渗漏。

(5)安装后对油路注油并排气，避免因油路中有空气导致测量信号不稳定。

(七)泵冲速传感器

(1)安装前钻井工程相关技术人员沟通协调，在钻井泵静止状态下安装，安装时有人监护。

(2)泵冲速传感器尽量不要安装在钻井泵的拉杆箱内，以方便检查、维修和保养。

(3)将金属激励物焊于钻井泵传动轴端面或传动轮上，泵冲速传感器固定处应能感应金属激励物信号。

(4)泵冲速传感器感应面与金属激励物水平对齐且间距保持8~20mm，防止泵冲速传感器检测不到信号或感应物打碰探头而损坏传感器。

(八)钻井液出口流量传感器

钻井液出口流量传感器有两种：靶式流量传感器和超声波液位传感器。

(1)靶式流量传感器。

①应在高架管内无钻井液状态下安装。

②安装在高架管线上、距井口2~3m的位置，传感器与高架管线保持垂直。

③传感器阻尼板的活动方向与高架管内钻井液流动方向一致。阻尼板长度适中，与管内壁及沉砂无接触，活动灵敏。

④安装口处无钻井液渗漏。

⑤高架管处安装作业属于高处作业，安装人员要系安全带等防护装备，安装过程有人监护。

(2)超声波液位传感器。

①安装在高架槽、缓冲槽或振动筛三通槽口处，槽内钻井液流动平稳。

②传感器支架固定于槽口边沿，测量面与槽顶面保持30~50cm垂直距离。

③测量面与钻井液面垂直，保持测量面正下方20°范围内无遮挡物。

④安装人员要注意安全，防止跌倒、坠落。

(九)钻井液密度、电导率、温度传感器

1. 安装位置

(1)钻井液密度、电导率、温度传感器分别安装在钻井液出口和入口处。

(2)钻井液出口传感器安装在高架槽、缓冲槽或振动筛三通槽口处。

(3)钻井液入口传感器安装在钻井液上水罐处的钻井泵吸入口处。

2. 安装要求

(1)钻井液出口传感器通常采用短杆式传感器，钻井液入口传感器通常采用长杆式传感器，以保证传感器探头浸入钻井液液面下适当位置，固定支架牢靠。

(2)传感器测量端完全浸入钻井液且垂直于钻井液罐面；与槽壁、钻井液罐壁无接触，无沉砂掩埋；安装处钻井液流动性良好且液面稳定。

(3)钻井液密度法兰盘背向钻井液流向，上法兰盘距液面高度大于20cm。

(4)钻井液电导率环形测量端面与钻井液流向垂直。

(5)安装人员要注意安全，防止滑倒、坠入钻井液罐内。

(十)钻井液池体积传感器

钻井液池体积传感器一般为超声波液位传感器。安装要求：

（1）钻井液罐顶面的安装口直径不小于20cm，观测口位置远离搅拌器，罐内钻井液流动平稳。

（2）传感器支架固定在安装口的边沿，测量面与被测钻井液罐顶面保持30～50cm垂直距离。

（3）测量面应与钻井液面垂直，保持测量面正下方20°范围内无遮挡物。

（4）安装人员要注意安全，防止滑倒、坠入钻井液罐内。

第四节　仪器标定与校验

一、仪器标定

工程录井仪器的数据采集系统（传感器、专项智能数据装置）在录井前要按照规定进行标定，并对计算机数据处理系统（或记录仪）进行刻度，确保被感知量的准确有效。具体操作请参照仪器出厂说明书执行。

(一)技术指标

1. 传感器参数技术指标

传感器参数技术指标见表4-1。

表4-1　传感器参数技术指标

序号	参数	测量范围	测量误差
1	绞车	0～400r/min	±1脉冲
2	泵冲	0～400r/min	±1脉冲
3	转盘转速	0～400r/min	±1r/min
4	扭矩电流	0～1000A	±2.5%FS
5	大钩负荷	0～6MPa	±2%FS
6	立管压力	0～70MPa	±2%FS
7	套管压力	0～70MPa	±2%FS
		0～160MPa	±2.5%FS
8	密度	0～3.0g/cm^3	±0.01g/cm^3
9	温度	0～100℃	±2%
10	液位	0～3m	±2%
11	电导率	0～32S/m	±2%FS
12	流量	0～100%	±5%

2. 信号通道参数技术指标

信号通道参数技术指标见表4-2。

表4-2　信号通道参数技术指标

序号	参数	测量范围
1	电流型	4～20mA
2	电压型	0～10V
3	脉冲型	0～400脉冲/min

(二)标定要求

(1)标定时，传感器检测装置的显示输出应与表4-1一致。

(2)标定间隔为12个月，每年应对传感器及测量系统进行一次标定。

(3)新设备投入生产前、录井过程中更换重要检测元件(更换传感器)后，技术指标偏离，不能满足表4-1的规定时，应重新进行标定。

(4)标定后编写"检测记录"和"检测报告"，保存在仪器技术档案中。

①传感器检测记录格式见表4-3。

表4-3　传感器检测记录

序号	传感器名称	出厂编号	理论值		实测值	误差	允许误差
1	绞车传感器		正转20圈				±1脉冲
			反转20圈				
2	泵冲传感器1		上限				±1脉冲
			检测点1				
			检测点2				
			检测点3				
			下限				
3	泵冲传感器2		上限				±1脉冲
			检测点1				
			检测点2				
			检测点3				
			下限				
4	泵冲传感器3		上限				±1脉冲
			检测点1				
			检测点2				
			检测点3				
			下限				
5	转盘转速传感器		上限				±1r/min
			检测点1				
			检测点2				
			检测点3				
			下限				
6	电扭矩传感器		上限				±2.5%FS
			检测点1				
			检测点2				
			检测点3				
			下限				
7	大钩负荷传感器		上限				±2% FS
			检测点1				
			检测点2				
			检测点3				
			下限				

序号	传感器名称	出厂编号	理论值		实测值	误差	允许误差
8	立管 压力 传感器		上限				±2%FS
			检测点1				
			检测点2				
			检测点3				
			下限				
9	套管 压力 传感器 (0~70MPa)		上限				±2%FS
			检测点1				
			检测点2				
			检测点3				
			下限				
	套管 压力 传感器 (0~160MPa)		上限				±2.5%FS
			检测点1				
			检测点2				
			检测点3				
			下限				
10	入口 密度 传感器		上限				±0.01g/cm³
			检测点1				
			检测点2				
			检测点3				
			下限				
11	出口 密度 传感器		上限				
			检测点1				
			检测点2				
			检测点3				
			下限				
12	入口 温度 传感器		上限				±2%
			检测点1				
			检测点2				
			检测点3				
			下限				
13	出口 温度 传感器		上限				
			检测点1				
			检测点2				
			检测点3				
			下限				

序号	传感器名称	出厂编号	理论值		实测值	误差	允许误差
14	液位传感器 1		上限				
			检测点 1				
			检测点 2				
			检测点 3				
			下限				
15	液位传感器 2		上限				
			检测点 1				
			检测点 2				
			检测点 3				
			下限				
16	液位传感器 3		上限				
			检测点 1				
			检测点 2				
			检测点 3				
			下限				
17	液位传感器 4		上限				
			检测点 1				
			检测点 2				
			检测点 3				
			下限				±2%
18	液位传感器 5		上限				
			检测点 1				
			检测点 2				
			检测点 3				
			下限				
19	液位传感器 6		上限				
			检测点 1				
			检测点 2				
			检测点 3				
			下限				
20	液位传感器 7		上限				
			检测点 1				
			检测点 2				
			检测点 3				
			下限				
21	液位传感器 8		上限				
			检测点 1				
			检测点 2				
			检测点 3				
			下限				

序号	传感器名称	出厂编号	理论值		实测值	误差	允许误差
22	入口 电导率 传感器		上限				±2%FS
			检测点1				
			检测点2				
			检测点3				
			下限				
23	出口 电导率 传感器		上限				
			检测点1				
			检测点2				
			检测点3				
			下限				
24	流量 传感器		上限				±5%
			检测点1				
			检测点2				
			检测点3				
			下限				

②信号通道检测记录格式见表4-4。

表4-4 信号通道检测记录

序号	检测项目	理论值	检测值
1	泵冲传感器1通道		
2	泵冲传感器2通道		
3	泵冲传感器3通道		
4	转盘转速传感器通道		
5	绞车传感器通道		
6	电扭矩通道		
7	大钩负荷传感器通道		
8	立管压力传感器通道		
9	套管压力传感器通道		
10	出口密度传感器通道		
11	入口密度传感器通道		
12	出口温度传感器通道		
13	入口密度传感器通道		
14	液位传感器1通道		
15	液位传感器2通道		
16	液位传感器3通道		
17	液位传感器4通道		
18	液位传感器5通道		
19	液位传感器6通道		
20	液位传感器7通道		
21	液位传感器8通道		
22	出口电导率传感器通道		
23	入口电导率传感器通道		
24	出口流量传感器通道		

③检测报告。

检测报告正文包括检测起止时间、被检单位(具体到录井队)、仪器型号、井号、检测项目、各项目的检测结果。

综合录井仪质量检测报告封面格式如图4-2所示。

编号：*******

综合录井仪质量检测报告

井　　　号：

仪 器 型 号：

建 设 单 位：

施 工 单 位：

检 测 人：

检测单位：***********

年　　月　　日

图4-2　综合录井仪质量检测报告封面格式

注：编号格式为****年**月**日***流水号，如：20201009001。

(三)传感器标定

1. 绞车传感器

(1)将绞车传感器连接到检测装置上，测量点不少于2点。

(2)每一个测量点稳定时间不小于1min，记录各测量点的数值。

(3)正转20圈，再反转20圈，脉冲计数应相同。从最小值到最大值(正转)、再从最大值到最小值(反转)，脉冲计数应相同。

(4)每个测量点各进行一个量程。

2. 大钩负荷、立管压力、套管压力、液压扭矩传感器

(1)测量点不少于5点，其中包括0、50%、100%量程压力值。将压力传感器和校验仪通过快速接头相连，用压力校验仪分别给这些传感器加入各量程压力值的压力信号。

(2)缓慢匀速调节压力，每一个测量点处稳定时间不小于1min，记录各测量点的压力值和计算机采集值。

(3)压力匀速增大和匀速减小各进行一个量程。

(4)由各测量点和相应的计算机采集值建立标定曲线。

3. 电扭矩传感器

(1)测量点不少于5点，其中包括0、50%和100%量程电流值。

(2)缓慢匀速调节测量电流，每一个测量点处稳定时间不小于1min，记录各测量点的电流值和计算机采集值。

(3)电流匀速增大和匀速减小各进行一个量程。

(4)由各测量点和相应的计算机采集值建立标定曲线。

4. 转盘转速、泵冲传感器

(1)测量点不少于5点，在其量程范围内均匀选择，其中包括上限、下限和50%的量程。

(2)每一个测量点稳定时间不小于1min，记录各测量点的数值。

(3)标准值和测量值应一致。

5. 靶式出口流量传感器

(1)测量点不少于5点，应包括无流量、50%流量、最大流量。

(2)缓慢匀速调节传感器靶子，用角度尺测量靶子张开角度，张开角度从最小到最大测量的相对流量为0~100%，计算各测量点角度值对应的相对流量值。

(3)每一个测量点处稳定时间不小于1min，记录各测量点的相对流量和计算机采集值。

(4)靶子张开角度从最小到最大，再从最大到最小各进行一个量程。

(5)由各测量点和相应的计算机采集值建立标定曲线。

6. 钻井液池体积传感器

(1)测量点不少于5点，其中包括钻井液罐的最大容量、50%、最小容量对应的液面高度进行标定。

(2)缓慢匀速移动钻井液液面模拟板，每一个测量点处稳定时间不小于1min，记录各测量点的距离值和计算机采集值。

(3)距离值匀速增大和匀速减小各进行一个量程。

(4)由各测量点和相应的计算机采集值建立标定曲线。

7. 钻井液密度传感器

(1)采用标准液法、液位差(标准水柱)法或气体压差法标定。

(2)标定时传感器垂直于水平面放置。

(3)用标准液法标定时，测量值和标准值应一致。

(4)用液位差法标定时，将法兰盘与加压膜片之间的空气排净后再拧紧排气孔螺栓，计算各测量点液位差对应的密度。

(5)用气体压差法标定时，缓慢匀速调节压力，计算各测量点压力对应的密度。

(6)每一个测量点处稳定时间不小于1min，记录各测量点的密度值和计算机采集值。

(7)测量点不少于5点，其中包括密度为$1g/cm^3$清水，根据服务地区的井深和常用钻

井液类型，在其量程范围内均匀选择（包括其上限、下限）。

（8）密度匀速增大和匀速减小各进行一个量程。

（9）由各测量点和相应的计算机采集值建立标定曲线。

8. 钻井液温度传感器

（1）测量点不少于5点，根据服务地区的井深和地层温度范围，在其量程范围内均匀选择（包括其上限、下限）。

（2）每一个测量点处稳定时间不小于3min，记录每个测量点的温度和计算机采集值。

（3）温度匀速升高和匀速降低各进行一个量程。

（4）由各测量点和相应的计算机采集值建立标定曲线。

9. 钻井液电导率传感器

（1）采用标准电导率溶液法或电阻标定法标定。

（2）采用标准电导率溶液法时，测量值和标准值应一致。

（3）采用电阻标定法时，选用一台输出范围为 $0.01\sim10000\Omega$ 的电阻箱，计算各测量点电阻对应的电导率。

（4）测量点不少于5点，根据服务地区常用钻井液类型，在其量程范围内均匀选择（包括其上限、下限）。

（5）更换电导率溶液或调节电阻箱电阻值，每一个测量点处稳定时间不小于1min，记录各测量点的电导率和计算机采集值。

（6）电导率匀速增大和匀速减小各进行一个量程。

（7）由各测量点和相应的计算机采集值建立标定曲线。

（四）信号通道

1. 电流型

在传感器电流型通道的输入端分别输入 4mA、8mA、16mA、20mA 电流信号，输入电流信号的误差不大于±0.1mA，检测结果记录到信号通道检测记录中。

2. 电压型

在传感器电压型通道的输入端分别输入 0、4V、8V、10V 电压信号，输入电压信号的误差不大于±0.1V，检测结果记录到信号通道检测记录中。

3. 脉冲型

在传感器脉冲型通道的输入端分别输入 100 脉冲/min、200 脉冲/min、300 脉冲/min、400 脉冲/min 脉冲信号，输入脉冲信号的误差不大于±10 脉冲/min，检测结果记录到信号通道检测记录中。

二、仪器校验

（一）校验要求

（1）每口井录井前、仪器超过 2 个月不使用、仪器更换核心元器件（更换传感器）后和连续录井时间大于 90 天时，应进行校验。

（2）录井过程中钻井参数测量单元与钻井液参数测量单元根据需要进行校验，每次故障维修后应进行校验。

（3）校验后填写并保留相应记录。

(二)传感器校验

1. 绞车传感器

(1)在仪器上输入对应的绞车参数，检查单根长度和测量深度显示，以钻具丈量长度为准，测量深度与人工丈量单根长度误差不大于0.1%。

(2)井深的测量范围一般设置为0~9999.99m。

(3)每班、每次下钻到底正常钻进之前，以钻具丈量长度为准，应检测单根长度误差和总井深误差。

2. 转盘转速和泵冲传感器

(1)在传感器有效感应范围内，用感应物接近和离开传感器探头数次，信号反应灵敏，用秒表计量转盘转速和钻井泵实际冲数与仪器相应的测量值比较，误差分别不大于1r/min和1脉冲/min。

(2)录井过程中，视情况检测转盘转速测量误差，方法为比较钻机转盘实际转速与工程录井系统测量的转盘转速，误差率应不大于±1r/min。

(3)录井过程中，视情况检测泵冲速测量误差，方法为比较钻井泵的实际泵冲速与工程录井系统泵冲速的测量值，误差率应不大于±1脉冲/min。

3. 其他钻井参数传感器

(1)均采用不少于2个测量点进行校验，选择的测量点应具有代表性。校验方法根据现场条件参照本节"（三）传感器标定"方法进行。各测量点计算机采集值与标定曲线对应值相比较，最大允许误差符合技术指标的规定。

(2)录井过程中，每班应检查大钩负荷测量误差，方法为在大钩静止状态下（钻井液循环、钻头提离井底、转盘转动状态下），观察比较钻台指重表上的大钩负荷值与工程录井系统测量的大钩负荷值，测量误差率应不大于±2%。

(3)录井过程中，定期检查扭矩测量误差，方法为观察比较钻机扭矩指示表与工程录井系统测量的扭矩值，其误差率应不大于±2%。

(4)录井过程中，每班、每次下钻循环钻井液稳定后，检查立管压力测量误差，方法为比较钻井平台泵压表和工程录井系统相应的压力测量值，误差率应不大于±2%。

(5)录井过程中，每班、每次下钻循环钻井液稳定后，检查套管压力测量误差，方法为比较钻井平台套压表和工程录井系统相应的压力测量值，误差率应不大于±2%。

4. 钻井液参数传感器

(1)采用不少于2个测量点进行校验，选择的测量点具有代表性，校验方法根据现场条件参照本节"（三）传感器标定"方法进行。

(2)各测量点计算机采集值与标定曲线对应值相比较，最大允许误差符合技术指标的规定。

(3)录井过程中，每次下钻循环钻井液后检查流量测量误差和响应时间，方法为比较理论流量最小值、最大值与实际测量流量，其误差率应不大于±2%，响应时间应不大于5s。

(4)录井过程中，每班、每次下钻循环钻井液之前检查钻井液池体积（液位）测量误差，方法为比较钻井液罐内钻井液的实际体积和工程录井系统测量的钻井液池体积，误差率应不大于±1%。

(5)录井过程中，每班、每次下钻循环钻井液之前、钻井液性能调整后，检查钻井液密度测量误差，方法为用密度计测量密度传感器处的钻井液密度，比较人工实际测量的钻井液密度和工程录井系统的密度测量值，误差应在±0.01g/cm³之间。

（6）录井过程中，每班、每次下钻循环钻井液之前、钻井液性能调整后，检查钻井液温度测量误差，方法为用温度计测量钻井液传感器处的钻井液温度，比较人工实际测量钻井液温度和工程录井系统的测量值，误差应在±2℃之间。

（7）每口井录井之前，检查钻井液电导率测量误差，方法为用一根导线穿过电导率传感器探头磁感应圈，将导线的两端接到电阻箱最大电阻的接线柱上，根据传感器类型选择5个相应的电阻值，比较理论计算和实际测量的电导率，误差率应不大于±3%。

第五节　泥（页）岩密度分析

一、概念

泥（页）岩密度分析是使用密度测量仪器对随钻捞取的泥（页）岩岩屑样品的密度进行测量、分析的录井方法。通过测定泥（页）岩密度可了解钻遇地层压力变化趋势及预测可能存在的地层压力异常层。

二、分析仪器

(一)泥(页)岩密度计

一般泥（页）岩密度计的组成包括有机玻璃筒（下端密封并固定在金属底座上）、镜面分度尺、镜子支架、调零旋钮、岩样托盘、浮子、不锈钢杆（浮杆）、镇定锤等。

(二)技术指标

(1)测量范围：2.15~2.85g/cm³。

(2)样品称重误差：不大于0.05g。

(3)分辨率：0.01g/cm³。

三、分析准备

(1)必须用纯泥岩（页岩）样品，排除含砂质、碳酸盐及其他成分的岩石。

(2)在振动筛上游挑选几颗新钻地层的泥岩（页岩）岩屑作样品。应注意泥岩（页岩）样品不能受钻井液浸润。

(3)清洗干净后，用滤纸轻轻地把岩屑表面水分吸干（绝不可用烘箱或加热器烘干岩屑），并立即作密度测量。

(4)在纯净淡水中加入几滴洗洁剂（或肥皂水），使测量部件上既无气泡，又无水珠，以便得到正确的读数。将水注入有机玻璃管，水面距管顶约4cm。把浮子放入水中，在浸没的表面不应有气泡（若有，则转动浮子除去），当浮子稳定，其顶面应在水面以下1~2cm。然后把托盘向下压，直至镇定锤碰到管底，此时托盘应在水面上1cm（否则去掉一些水）。

(5)在测量前，必须用调零旋钮调整"零位"。

四、样品分析

(1)将样品放在盘上，镇定锤稳定后（不能接触筒底），读出刻度值L_1（在空气中的测量值）。

（2）将样品放置在水中浮子上，待稳定后读出刻度值 L_2（在清水中的测量值）。

（3）泥（页）岩密度 d，计算公式如下：

$$d = L_1 / (L_1 - L_2) \qquad (4-1)$$

式中：L_1 为第一次测量值，g/cm^3；L_2 为第二次测量值，g/cm^3；d 为泥（页）岩密度，g/cm^3。

五、采集参数

泥（页）岩密度分析结束，记录序号、井深、L_1、L_2 和密度。

六、技术要求

（1）选取具有代表性的泥（页）岩样品。

（2）测定前按操作说明书对仪器进行标定。

（3）选取上部地层中厚度大于150m的正常压实泥（页）岩井段，确定本井的泥（页）岩密度趋势线。当泥（页）岩密度偏离其密度趋势线时，可能存在异常地层压力。

（4）根据设计要求进行随钻地层压力监测；结合泥（页）岩密度分析及其他资料，预测本井地层压力异常情况。

第六节　实时监测

一、钻井工程参数监测

（一）钻井工程参数变化规律

在钻井过程中，实时监测和计算的工程录井参数在正常的范围内小幅度波动或呈规律趋势性变化，当出现钻井复杂情况时，会引起工程录井参数异常。常见钻井复杂情况与工程录井参数异常变化趋势对应关系见表4-5和表4-6。

表4-5　钻井复杂情况与钻井参数异常对应关系

异常类型	大钩负荷	大钩高度	扭矩	转速	泵冲	钻时	立压	流量
井壁坍塌			略增				略增	
下放遇阻	减小	静止						
上提遇卡	增大	静止						
钻具刺漏			略增		略增	略增	减小	略增
泵刺漏			略增		略增	略增	减小	略减
钻具断	突减		减小	略增	略增		减小	略增
水眼掉			增大	波动	略增	增大	减小	略增
水眼堵					减小	增大	增大	减小
牙轮掉			增大	波动		增大		
钻头泥包			减小			增大	增大	
钻头终结			增大			增大		
溜钻	减小	突减	增大	减小		减小		
顿钻	突减	减小						
放空	突增	突减	突减			突减		

表 4-6 钻井复杂情况与钻井液参数异常对应关系

异常类型	池体积	流量	出口密度	出口温度	出口电导率	全烃	套压
井漏	减小	减小					
溢流	增大	增大	减小	增大			
油气侵	增大	增大	减小	增大	减小	增大	
水侵	增大	增大	减小	增大	增大		
盐侵					增大		
井喷关井							增大
地面跑失	减小						

(二)钻井工程参数监测要求

工程录井主要监测起下钻、接单根、钻进、循环、划眼、下套管等作业。

1. 起下钻、接单根和下套管作业的监测

在实施起下钻作业时,常发生遇阻、遇卡、断钻具、溢流等情况,接单根时有时会发生遇阻、遇卡情况,下套管时经常遇到遇阻、遇卡等情况。现场录井作业人员应密切监测大钩负荷、大钩高度、钻井液出口流量、起钻灌入钻井液体积、下钻钻井液排出量等参数变化情况,发现异常立即进行分析判断和提示报告。

2. 钻进、循环和划眼作业的监测

在进行钻进、循环和划眼作业时,易发生钻具受损(刺、断)、钻头后期(牙轮旷动、牙轮卡死、掉齿、掉牙轮、水眼堵、掉水眼)、钻头掉落、憋钻、溜钻、顿钻、放空、卡钻、溢流、井漏、钻井液地面跑失、钻井泵刺、地面管汇刺等情况。现场录井作业人员应密切监测立管压力、大钩负荷、扭矩、出口钻井液排量、池体积、钻时(或钻速)、转盘转速、大钩高度、钻头位置、进出口钻井液密度、进出口钻井液温度、进出口钻井液电导率、气体显示、钻井液槽面油花气泡、钻时、岩屑等参数的变化,发现异常立即进行分析判断和提示报告。

(三)实时计算参数

(1)井深。

①测量范围:0.00~9999.99m。

②测量误差:每单根不大于0.1%。

(2)钻头位置。

①测量范围:0.00~9999.99m。

②测量误差:不大于0.1%。

(3)钻井液池总体积。

①测量范围:0.00~400.00m^3。

②测量误差:不大于1.0%。

注意:钻井液总体积的测量上限可根据钻井液池(罐)的实际容积和钻井液池体积传感器的安装数量进行设定。

(4)钻压:测量误差不大于2.0%。

(5)钻时:单位为 min/m。

(6)钻头进尺:单位为 m。

(7)钻头纯钻进时间:单位为 min。

（8）钻井液密度：单位为 g/cm³。

(四) 资料处理

1. 钻头磨损系数

$$B = X \times \mathrm{BL}/\mathrm{FL} \tag{4-2}$$

式中：B 为钻头磨损系数；X 为钻头预期的磨损级别，0~8；BL 为钻头进尺数，m；FL 为对应钻头最终进尺，m。

2. 功指数

$$W_\mathrm{m} = \left(W + W_\mathrm{c} \sqrt{\frac{W}{a}\frac{R}{b}} + \frac{\pi ND}{4} \right) RT \tag{4-3}$$

式中：W_m 为功指数；W 为钻压，kN；W_c 为附加钻压；N 为扭矩，kN·m；T 为钻时，min/m；R 为转盘转速，r/min；D 为钻头直径，mm；a 为地层经验参数；b 为地层经验参数。

3. 机械比能指数

$$E_\mathrm{m} = \frac{4W}{\pi D^2} + \frac{480RN}{vD^2} \tag{4-4}$$

式中：E_m 为机械比能指数；v 为钻速，m/min。

4. 储层可钻性指数

$$\mathrm{dcs} = \frac{\lg(3.282B)/(NT)}{\lg(0.068W)/D^2} \frac{\rho_\mathrm{w}}{\rho_\mathrm{ce}} \tag{4-5}$$

式中：dcs 为储层可钻性指数；ρ_w 为地层水密度，g/cm³；ρ_ce 为循环当量钻井液密度，g/cm³。

5. 有效储层指数

$$K_\gamma = K_\mathrm{cn} \div \lg \frac{3.282B/(NT)}{0.068W/D^2} \times \frac{\rho_\mathrm{w}}{\rho_\mathrm{ce}} \frac{1.273T_\mathrm{g}QT}{D^2} \tag{4-6}$$

式中：K_γ 为有效储层指数；K_cn 为有效储层指数趋势；T_g 为全烃值，%；Q 为排量，L/s。

二、工程参数异常

工程参数和资料出现但不仅限于下列情况时，视为参数异常：

钻时突然增大或减小，或呈趋势性减小或增大；

钻压大幅度波动，突然增大或突然减小并伴有井深跳进；

除去改变钻压的影响，大钩负荷突然增大或减小；

转盘扭矩呈趋势性增大，或大幅度波动；

转盘转速无规则大幅度波动，或突然减小甚至不转；

立管压力逐渐减小，突然增大或突然减小；

钻井液总池体积相对变化量超过 1m³；

钻井液出口密度突然减小，或呈趋势性减小或增大；

钻井液出口温度突然增大或减小，或出入口温度差逐渐增大；

钻井液出口电导率突然增大或减小；

钻井液出口流量明显变化。

三、钻井工程参数异常实例

(一)遇阻、遇卡、卡钻

下钻遇阻、起钻遇卡通常与裸眼井段缩径、地层垮塌及井斜度有关。下钻遇阻时,大钩负荷突然减小,大钩高度下行变缓;上提遇卡时,大钩负荷突然增大,大钩高度上行变缓。当钻具不能上提、又不能下放时,即发生卡钻。

1. 起钻遇卡

起钻过程中,随着井下钻具的不断减少,大钩负荷会不断减小。由于裸眼井段缩径、地层垮塌及井斜大等因素的作用,起钻时常发生遇卡现象。当大钩负荷呈持续增加趋势且大于钻具的实际悬重,说明发生起钻遇卡。如图4-3所示,a段:随着钻具起出,悬重(大钩负荷)有规律下降;b段:钻具上提时悬重增加,钻具下放时悬重呈现微降,说明已发生起钻遇卡现象;c段:钻具在上提过程中,悬重不再异常增加,遇卡状态解除。

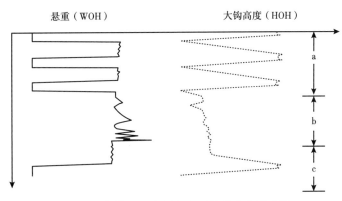

图4-3　起钻过程中遇卡实时录井曲线示意图

2. 下钻遇阻

下钻过程中,随着井下钻具的不断增加,悬重会不断增大。由于裸眼井段缩径、地层垮塌及井斜等因素的作用,下钻时常发生遇阻现象。当大钩高度下降且悬重值小于钻具的实际悬重,说明发生下钻遇阻。如图4-4所示,a段:随着井下钻具增加,悬重呈规律增加;b段:随着钻具下放,悬重降低,说明已发生下钻遇阻现象;c段:钻具在下放过程中悬重不再异常降低,下钻遇阻状态解除。

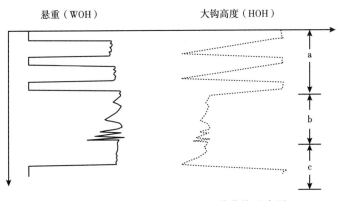

图4-4　下钻过程中遇阻实时录井曲线示意图

3. 下钻过程中卡钻

如图4-5所示，a段：正常下钻状态；b段：下放钻具时悬重减小，但大钩高度变化很小，上提钻具时悬重显著增加且超出正常值，但大钩高度仍旧呈小幅变化，说明此时钻具上提遇卡、下放遇阻，已经卡钻。

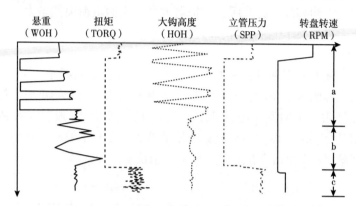

图4-5　下钻过程中卡钻实时录井曲线示意图

4. 钻进过程中卡钻

钻进过程中，当上提钻具时悬重增大，继续上提钻具，悬重继续增大且远大于钻具的实际负荷；下放钻具时，当钻头未至井底前，悬重减小，说明此时已发生卡钻。如图4-6所示，a段：正常钻进状态；b段：上提钻具悬重增大，下放钻具悬重减小，悬重增大和减小的幅度远大于钻具实际悬重，同时扭矩增大且变化幅度明显增大、立管压力小幅增大，说明钻具被卡；c段：钻井工程实施增加排量的方法去寻求解卡的曲线特征。

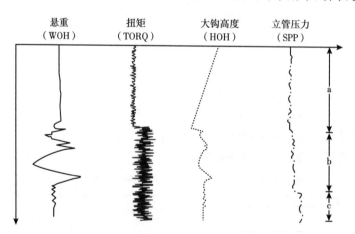

图4-6　钻进过程中卡钻实时录井曲线示意图

(二)钻具刺漏、钻井泵刺漏

1. 钻具刺漏

由于钻具陈旧、钻柱扭转速度变化幅度大、场地拖拽使钻具外表受损、钻井液循环过程中泵压较高等因素的作用，常常造成钻具刺漏。

钻具刺漏的明显特征是在泵冲速不变的情况下立管压力呈现逐渐减小的趋势，若刺漏的程度轻，立管压力为在长时间内缓慢减小的趋势；当钻具刺漏较为严重时，立管压力为在短时间内明显减小的趋势。如图 4-7 所示，a 段：上半段为正常钻进段，大钩高度、钻压、泵冲速、立管压力等四个参数的对应关系是正常的，在下半段其对应关系就发生了异常变化即钻压和泵冲速不变，大钩高度减小、立管压力呈现极其缓慢的减小趋势；b 段：上半段钻压和泵冲不变，大钩高度逐渐减小，立管压力却呈现明显减小趋势，下半段随着大钩高度的逐渐减小，泵冲速略有增大、立管压力减小的趋势更加明显，说明钻具刺漏越来越严重。

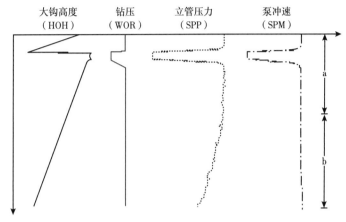

图 4-7　钻进过程中钻具刺漏实时录井曲线示意图

2. 钻井泵刺漏

钻井液循环状态下，钻井泵刺漏、地面管汇刺漏所表现的钻井工程参数特征与钻具刺漏相似，都具有立管压力缓慢减小的特点，但钻井液出口流量呈降低趋势。

(三) 钻具断

在钻井过程中，由于上提钻具遇卡强行提拉、钻具回转脱扣、钻具刺漏及其他严重损伤，会造成钻具断裂。钻具断在工程录井参数上的表现为悬重突然减小，在钻进状态下，钻具断同时伴有立管压力减小，扭矩及其波动幅度减小，钻井液出口流量有所增大等现象。

1. 起钻过程中钻具断

如图 4-8 所示，a 段：随着钻具的起出，悬重呈正常减小趋势；在 b 段与 a 段的结合处，

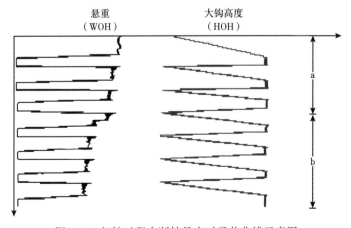

图 4-8　起钻过程中断钻具实时录井曲线示意图

悬重突然呈台阶式减小，在此之后悬重又趋于平稳减小趋势。可断定部分钻具已断落。

2. 钻进过程中钻具断

如图4-9所示，a段为正常钻进段；b段与a段的结合处，悬重突然呈台阶式减小，同时伴随有扭矩、立管压力的减小，泵冲速呈台阶式增大。

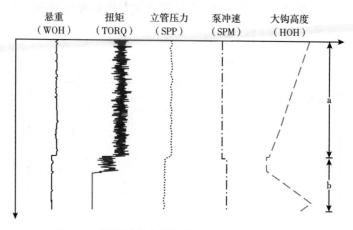

图4-9　钻进过程中断钻具实时录井曲线示意图

(四)钻头故障

钻头故障主要有钻头后期、钻头牙轮旷动、牙轮掉、牙齿掉、水眼掉、水眼堵、钻头泥包等。钻头后期、钻头牙轮旷动、牙轮掉、牙齿掉往往被视为钻头寿命终结，通常表现为扭矩增大且波动幅度增大、机械钻速降低、钻时增大、钻头成本增大，需要更换钻头；水眼掉、水眼堵、钻头泥包，需起钻对钻头进行维修处理后再重复利用。

1. 下钻后水眼堵

下钻后水眼堵通常是未做好防堵措施造成的，其表现为下钻到井底开泵循环时，立管压力持续增大，且停泵后立管压力维持非正常高值不降或降到正常值的速度缓慢。

如图4-10所示，a段为正常下钻段，此段因钻井泵处于停泵状态，泵冲速、立管压力为0；b段为开泵循环至停泵段，开泵后，泵冲速快速升至恒定值，立管压力随之增大，但在泵冲速恒定段，立管压力仍然增大，当泵冲速处于缓慢减小并最终变为0时，立管压力先增大

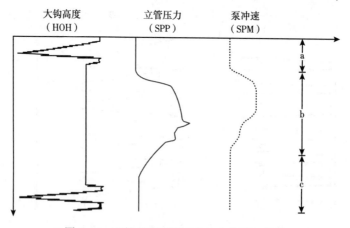

图4-10　下钻后水眼堵实时录井曲线示意图

后减小却没有降到0；c段为停泵状态，在c段上部泵冲速为0的情况下，立管压力仍在缓慢减小、最后降为0。此立管压力与泵冲速曲线的组合特征说明钻头水眼堵。

2. 钻进过程中水眼堵

钻进过程中水眼堵通常是钻井液中的大颗粒物体进入水眼造成的，其表现为钻进循环时，立管压力持续升高，且停泵后立管压力维持非正常高值不降或降到正常值速度缓慢。

如图4-11所示，a段为正常钻进段，泵冲速和立管压力基本不变，大钩高度平稳下行；b段上半段，泵冲速开始台阶式减小，立管压力不随之减小反而增大，b段下半段，当停泵后立管压力缓慢降为0。此曲线组合特征说明钻头水眼堵。

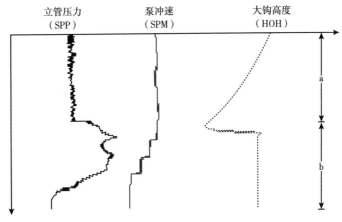

图4-11　钻进过程中堵水眼实时录井曲线示意图

3. 水眼掉

水眼掉往往是因为钻头水眼安装不到位而造成钻井液沿水眼周边刺射，最后导致刺掉水眼。水眼掉之前，由于水眼四周的钻井液刺射，立管压力缓慢下降，当刺漏到一定程度并最终使水眼掉落时，立管压力突然呈台阶式减小后稳定，转盘转速与扭矩呈现大幅度波动，同时伴随钻速降低。

如图4-12所示，a段为正常钻进段，泵冲速基本保持不变，立管压力极小幅度波动，大钩高度平稳下行；b段为异常钻进段，泵冲速、大钩高度与a段相同，但立管压力却呈

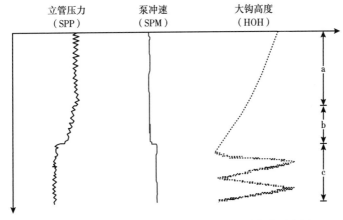

图4-12　钻进过程中钻头掉水眼实时录井曲线示意图

现缓慢减小趋势；在 c 段与 b 段的结合处，泵冲速出现台阶式增大，但立管压力却呈台阶式减小；c 段大钩上提下放过程中，泵冲速、立管压力保持不变。此曲线组合特征说明钻头水眼掉落。

4. 钻头泥包

钻头泥包的主要原因：一是钻头钻入不成岩的软泥、水化泥页岩、石膏等易形成滤饼的地层；二是使用抑制性差、固相含量和黏度切力过高、密度偏高和失水大、润滑性能差的钻井液；三是钻进时排量小、软泥岩地层钻压过大、长裸眼下钻未进行中途循环；四是钻头水眼设计无法满足排屑要求、流道排屑角阻碍了钻屑顺利脱离井底。钻头泥包后，机械钻速会明显降低（钻时增大）、扭矩减小且波动幅度减小、立管压力增大、钻井液出口流量有所减小。

5. 钻头寿命终结

如图 4-13 所示，钻压、入口排量、转盘转速等工程参数恒定不变，但钻时增大，扭矩逐渐增大且波动幅度增大。综合考虑钻头纯钻时间、钻头纯钻进尺、地层岩性等，确定钻头寿命终结。

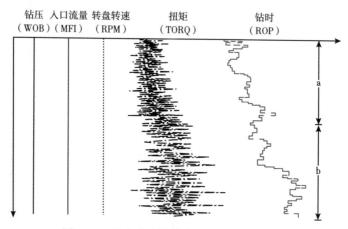

图 4-13　钻头寿命终结实时录井曲线示意图

（五）溜钻、顿钻、放空

1. 溜钻

溜钻是在钻进时送钻不均匀，突然施加超限度的钻压，导致钻具压缩、井深突然增加的现象。发生溜钻后，通常要起钻检查钻具、钻头受损情况。

如图 4-14 所示，a 段为正常钻进段，钻压、悬重、扭矩保持稳定，大钩高度平稳减小，钻时正常波动。b 段起始点，钻压突然增大，悬重突然减小，扭矩突然增大，钻时突然减小，大钩高度瞬间减小，说明发生溜钻；之后上提钻具、钻压归零、扭矩减小到基值、悬重增大。

2. 顿钻

顿钻指钻头提离井底状态下，操作失误造成钻具自由下落，导致钻头瞬间接触井底产生超限钻压、钻具压缩、钻头位置突然下降的现象。发生顿钻后，通常要起钻检查钻具、钻头受损情况。

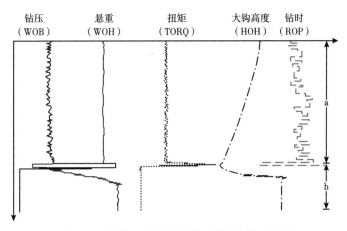

钻压   悬重   扭矩   大钩高度   钻时
（WOB） （WOH） （TORQ） （HOH） （ROP）

图 4-14　钻进过程中溜钻实时录井曲线示意图

3. 放空

放空是在钻进状态下，钻遇裂缝型或孔洞型地层时，钻头瞬间加速下行的现象，其表现为钻压和钻时突然减小、甚至变成 0，大钩负荷突然增大、扭矩突然减小。发生放空时，应立即停钻、循环钻井液，观察钻井液出口流量、钻井液池体积、钻井液性能及气测显示变化情况，做好处理井漏、溢流等复杂情况的准备工作。

（六）井漏

井漏在工程录井参数上的主要表现为：循环过程中钻井液出口流量减小、钻井液池体积减小，下钻过程中溢出钻井液量小于正常值，起钻过程中灌入钻井液量大于正常值。

1. 下钻过程中井漏

下钻过程中，随着下入井内的钻具体积不断增加，等量体积的钻井液被顶替返出井口。当发生井漏时，钻井液出口流量为 0 或低于正常值，钻井液池体积不再增大。

如图 4-15 所示，a 段：出口流量返出曲线显示出每下入一个立柱都有大致相同的钻井液返出，同时钻井液池体积缓慢增大；b 段：新下入两个立柱，出口流量曲线显示钻井液返出量为 0，钻井液池体积不再增大，在排除其他地面因素影响的情况下，为井漏特征。

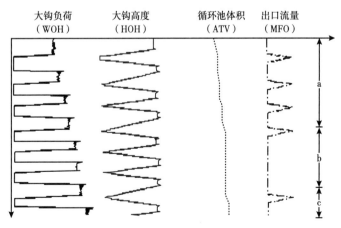

大钩负荷   大钩高度   循环池体积   出口流量
（WOH） （HOH） （ATV） （MFO）

图 4-15　下钻过程中井漏实时录井曲线示意图

2. 起钻过程中井漏

起钻过程中，随着井下钻具的钻柱体积不断减少，需要通过计量罐（起下钻罐）向井内泵入相同体积的钻井液。当发生井漏时，需要灌入井内的钻井液量增大，计量罐内钻井液体积减少量大于正常值。

3. 循环过程中井漏

如图4-16所示，a段为正常活动钻具、循环钻井液状态；b段上半段：钻井液出口流量减小、钻井液池体积（循环池体积）减小、立管压力缓慢减小、泵冲速有所增大，说明此时发生井漏；b段下半段：泵冲速、立管压力和钻井液出口流量逐渐恢复正常值，钻井液池体积维持低值，说明逐渐停止井漏。

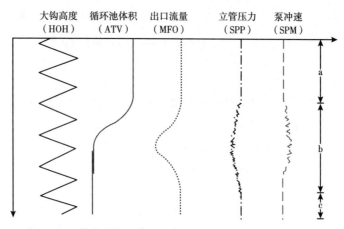

图4-16　钻井液循环作业状态下井漏实时录井曲线示意图

4. 钻进过程中井漏

钻进过程中，钻井液消耗量大于井眼体积增加量与地面管线循环过程中的正常消耗量总和，排除其他地面因素，可判断钻进中发生井漏。

（七）溢流、井侵

当被钻穿的某一储层地层孔隙压力大于该深度的钻井液液柱压力时，地层流体就会进入井筒内，发生井侵。发生井侵后，即使在停泵状态下，井口仍会有钻井液自动外溢，即溢流。若溢流未有效处置就会发生井涌、井喷。

1. 起钻过程中溢流

起钻过程中，井下钻具的体积不断减少，通过灌注泵，相同体积的钻井液从计量罐（起下钻罐）泵入井内，以维持井内压力平衡。但是，由于可能存在的异常地层压力及起钻抽吸的诱导作用，往往会发生井侵而出现溢流。

如图4-17所示，a段为正常起钻的工程参数特征；b段：全烃含量、钻井液出口流量和计量罐（起下钻罐池）内钻井液体积开始增大，发生溢流；c段：停止起钻后，溢流得到缓解，相关参数趋于稳定。

2. 下钻过程中井侵

下钻过程中，随着下入井内的钻具体积不断增加，等量体积的钻井液被顶替返出井口。当发生井侵时，钻井液出口流量增大或高于正常值，钻井液池体积异常增大。发生井侵时，地层流体可以是石油、天然气、水。

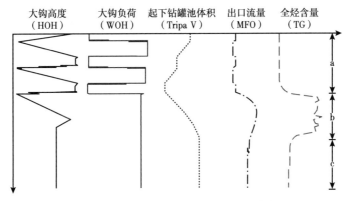

图 4-17　起钻过程中发生溢流的实时录井曲线示意图

如图 4-18 所示，a 段：下入 4 个立柱，每下一个立柱都有同量的钻井液返出，钻井液出口流量有规律地变化，钻井液池体积（循环池体积）平稳地增加，作业处于正常下钻状态；b 段：当下入第 5 立柱后，钻井液出口流量异常增大且下放立柱间隙出口流量不回零，钻井液池体积异常增大，在排除其他地面因素的情况下，确认发生井侵。

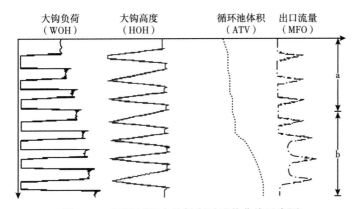

图 4-18　下钻过程中井侵实时录井曲线示意图

3. 循环过程中井侵

如图 4-19 所示，a 段为钻井液循环作业正常段；b 段：在泵冲速不变的情况下，钻井液出口流量突然增大，全烃含量异常增大，钻井液池体积增大，表明发生井侵。

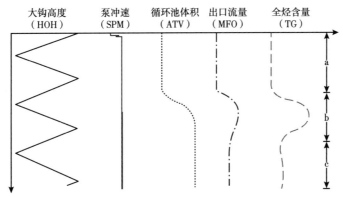

图 4-19　钻井液循环过程中井侵实时录井曲线示意图

4. 钻进过程中井侵

如图 4-20 所示，a 段为正常钻进段，随着钻进深度的增加（大钩高度减小），钻井液池体积缓慢减小，钻井液出口流量平稳不变，气体全烃含量呈现基值；b 段：钻井液出口流量突然增大，全烃含量随之增大，钻井液池体积突然增大，说明发生井侵。

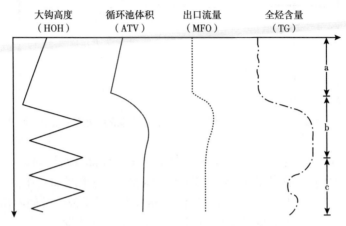

图 4-20　钻进过程中井侵实时录井曲线示意图

四、地层压力异常监测

(一)基本概念

1. 地层压力

地层压力又称地层孔隙流体压力，指地下某一深度地层岩石孔隙中流体（油、气、水）自身所具有的压力，即地下某一深度地层岩石孔隙中流体单位横截面积上的总压力。

2. 上覆地层压力

地下某一深度地层岩石所承受的上部地层的总压力，即上覆地层对某一深度地层岩石表面单位横截面积上的总重力。

3. 地层静水压力

由地层水液柱重力所产生的压力，其大小取决于地层水的平均密度和所处的垂直深度。

4. 地层破裂压力

某一深度地层在压力作用下发生破裂的临界压力。

5. 地层坍塌压力

当井内液柱压力低于某一值时地层出现坍塌，这个压力被称为地层坍塌压力。

6. 压力梯度

从地面算起，地层垂直深度每增加单位深度时压力的增量。

7. 压力系数

地层孔隙流体压力与同一深度的地层静水压力的比值。当压力系数等于 1 时，地层压力称为正常地层压力；当压力系数小于 1 时，地层压力称为异常低地层压力；当压力系数大于 1 时，地层压力称为异常高地层压力。

8. 当量循环钻井液密度

当循环钻井液时，井底除了承受钻井液液柱压力外，还要承受钻井液喷射所产生的冲击压力，钻井液液柱压力与喷射压力之和所换算得到的钻井液密度。

9. 异常地层压力

把偏离地层静水压力的某一深度的地层孔隙压力。

地层压力异常指在某一深度的地层压力值偏离该深度的正常静水压力值的现象。在油气田勘探开发过程中常常会钻遇异常压力地层（多数为超压地层），如果处置不当，容易发生井涌（或井喷）、井壁垮塌、卡钻等钻井工程事故。

（二）工程参数变化规律

依据钻井工程参数相关资料的变化可以进行地层压力监测。当钻遇异常超压地层时，多项参数将发生变化，具体变化规律见表4-7、图4-21。

表4-7　钻遇异常高压地层工程录井参数变化一览表

参数或现象	变化情况	参数或现象	变化情况
钻时	减小	钻井液出口流量	增大
钻速	增大	钻井液池体积	增大
dc 指数	减小	钻井液出口密度	减小
sigma 指数	减小	钻井液出口温度	增大
扭矩	有变化	钻井液出口电导率	有变化
立管压力	增大	全烃	增大
井口观察	有溢流	气体组分	增大
非烃气体	可能增大	泥页岩密度	减小
岩屑形状	钻屑大且多，呈碎片		

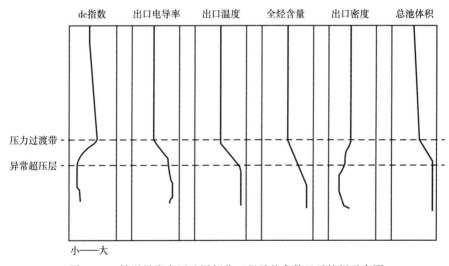

图4-21　钻遇异常高压地层部分工程录井参数显示特征示意图

在正常压力地层，随着埋藏深度增加，其上覆岩层压力增大，使得地层岩石内孔隙度减小，泥（页）岩压实程度也相应增加，其机械钻速将降低、钻时增大。而当钻遇异常高压地层时，由于欠压实作用，地层孔隙度较大，泥（页）岩的机械钻速相对升高，钻时减小。

（三）dc 指数法检测地层压力

dc 指数是在考虑钻压、钻头（尺寸、类型、磨损程度）、转盘转速、钻井液密度、钻速等诸多因素的情况下来反映地层可钻性的一个综合指数，它实现了根据泥（页）岩压实规律和钻井液液柱压力与地层孔隙压力之差以及钻井参数对机械钻速的影响规律来定量地监测地层压力的异常。

1. dc 指数计算公式：

$$dc = \frac{\lg[\,3.282/(\text{RPM}\times\text{ROP})\,]}{\lg(0.0684\times\text{WOB}/D_b)} \cdot \frac{G_n}{\text{ECD}} \tag{4-7}$$

式中：RMP 为转盘转速，r/min；ROP 为钻时，m/min；G_n 为正常压力梯度，g/cm³；WOB 为钻压，kN；D_b 为钻头直径，mm；ECD 为当量循环钻井液密度，g/cm³。

正常地层随着埋深的增加，由于上覆岩层的压力增大，使得泥（页）岩孔隙度减小，岩石致密程度增加，可钻性变差，机械钻速减小，dc 指数增大。

2. dc 指数监测要求

(1)选取上部地层中厚度大于150m的正常压实泥（页）岩井段，消除因钻压过大等因素造成的异常值后，用该井段起、止井深的 dc 指数值确定本井的 dc 指数趋势线（dcn）。

(2)当井眼直径或钻头类型发生改变时，应重新选取 dc 指数趋势线。

(3)采用联机软件实时计算地层压力梯度、地层破裂压力梯度，并与该地区正常的地层压力梯度（一般为0.97~1.06g/cm³）进行比较，分析地层异常压力带分布情况。

(4)比较当量循环钻井液密度与地层压力梯度，提出有利于保护油气层的钻井液密度。

3. 地层压力监测实例

如图 4-22 所示，a 段：钻头在正常压实地层内钻进，dc 指数随深度的增加呈现平稳的缓慢增加趋势，钻时基本保持无大幅度变化，扭矩亦波动不大；b 段初始（1/3 段）：dc 指数、钻时呈明显的减小趋势且坡度较大，此段地层呈现欠压实特征，为异常压力过渡带；b 段后 2/3 段：dc 指数随深度增加按照新的趋势缓慢增大、扭矩呈现同样的特征、钻时处于低值且保持无大幅度的变化状态，此段为异常压力段；c 段初始：dc 指数与钻时呈大幅度增大、扭矩呈现大陡度降低趋势，自 c 段 1/5 处后，钻时、dc 指数、扭矩都回归到正常压力趋势和区间波动值。

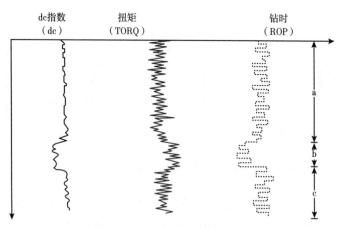

图 4-22　钻遇异常压力地层的录井实时曲线示意图

(四)泥（页）岩密度法监测地层压力

在泥（页）岩段钻进时，按一定间距对泥（页）岩岩样密度进行测量，以井深为纵坐标、泥（页）岩密度为横坐标，绘制井深—密度曲线。在正常地层压力情况下，密度随井深增加而增大，为泥(页)岩密度正常趋势线。若泥(页)岩密度偏离正常趋势线，泥(页)岩密度减小则反映为进入异常高压井段。它的开始端即为压力过渡带顶部(A 点)，如图 4-23 所示。

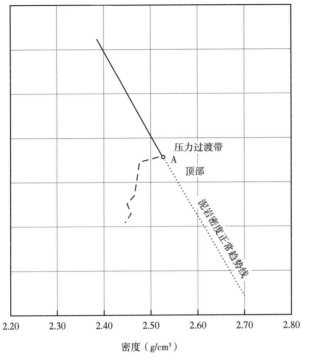

图 4-23　异常地层压力趋势线示意图

(五)其他方法监测地层压力

(1)根据背景气、接单根气、后效气、钻井气、抽汲气的变化，可以用来定性分析地层压力情况。

(2)钻井气越来越高时，可能进入异常压力过渡带。

(3)接单根气、后效气越来越大时，可能进入异常压力过渡带；接单根气、后效气越来越小时，可能是钻井液密度偏大，导致地层中的气体不能正常释放。

(4)背景气持续增加或存在抽汲气时，可能进入异常压力过渡带。

(六)地层压力监测要求

(1)根据设计要求进行随钻地层压力监测。

(2)根据联机计算的地层压力梯度数据，结合泥(页)岩密度分析及气测异常显示情况，预测本井地层压力异常情况。

(3)发现地层压力异常趋势，应立即告知钻井工程负责人。

五、气体参数异常监测

气体参数的分析监测及异常报告应属气体录井技术范畴，之所以在此叙述，是因为气测异常通常会引起众多工程录井参数的异常。钻井过程中，通过对钻井液中气体(包括烃类气体、非烃类气体)的含量进行测量分析，在及时发现油气层、判别地层流体性质、间接对储层进行评价的同时，对井涌、井喷等工程事故进行预警，以此来避免恶性事故发生。

(一)烃类气体监测

钻井过程中,烃类气体显示一般维持在基值附近波动,如果检测到烃类气体含量突然增大,应及时进行烃类气体异常报告。

1. 钻遇油气层烃类气体异常报告

当钻遇油气层后,一般钻时明显减小、全烃含量和烃组分含量迅速增大。如图4-24所示,a段:无油气显示段,全烃气体含量呈基值波动,钻时平稳,大钩高度下行平缓,扭矩平稳,b段初始:钻时突然减小,全烃含量大幅度增大,呈现出钻遇油气层的气体参数特征;c段初始:各项参数基本恢复到a段的状态,说明已钻穿该油气显示层。

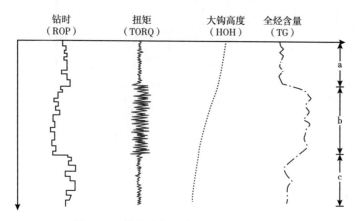

图4-24 钻遇油气层实时录井曲线示意图

2. 单根气监测报告

如图4-25所示,a段:正常钻进、停泵、接单根段,钻进段大钩高度下行,泵冲速与立管压力呈平稳恒值,全烃含量呈背景值,停泵段立管压力回零、全烃含量回零、大钩高度上提,接立柱段各参数值保持停泵状态值;b段:接完单根后继续钻进段,当开泵钻井液循环一段时间,全烃含量迅速增大,然后又迅速回到基值,此气体显示即为单根气显示。

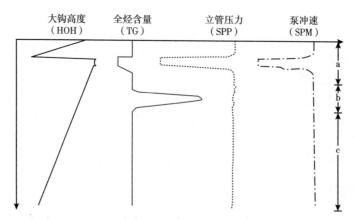

图4-25 单根气监测实时录井曲线示意图

3. 气侵监测报告

当钻井液液柱压力小于气层的地层压力时,气层内的气体就会不断地侵入井筒,随着气体聚集量的增加和持续上返,井筒内钻井液中气体的体积含量迅速增大,此时即发生气侵。当发生气侵时，会检测到钻井液出口流量增大、钻井液池体积增大、钻井液出口密度减小，气体含量迅速增大，并伴有槽面大量气泡出现等现象。如图 4-26 所示，a 段：正常钻进段，随着大钩高度的降低，全烃含量为背景值，钻井液出口密度和钻井液出口电导率基本不变；b 段初始：全烃含量突然迅速增大，钻井液出口电导率和钻井液出口密度呈微弱减小趋势，说明已经发生了气侵；b 段后 1/3 处：通过循环钻井液并活动钻具，全烃含量呈现逐渐减小趋势，钻井液出口电导率和钻井液出口密度继续降低；c 段：各项参数恢复正常变化趋势，气侵消失。

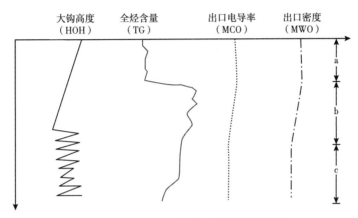

图 4-26　气侵时的实时录井曲线示意图

(二) 二氧化碳气体监测

由于二氧化碳可溶于水，水基钻井液钻井过程中随钻检测到的二氧化碳含量通常较低，现场施工过程中需注意区分。如图 4-27 所示，a 段：正常钻进井段，各项参数均无异常变化；b 段：随着大钩高度减小，全烃含量有所增大且升高到一定值后呈缓慢的增大趋势，二氧化碳含量呈两次陡峰增大显示，说明钻遇含二氧化碳气体的地层；c 段：全烃含量和二氧化碳气体背景值增大。

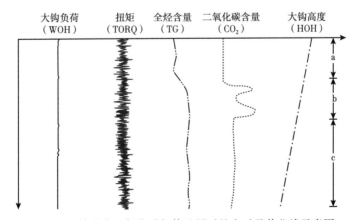

图 4-27　钻遇含二氧化碳气体地层时的实时录井曲线示意图

(三) 硫化氢气体监测

硫化氢气体有剧毒，钻井过程中需使用固定式硫化氢传感器 24 小时连续监测硫化氢含量，并按要求设置报警门限值。固定式硫化氢传感器首选安装位置为钻井液出口处。

第七节 成果资料

一、工程异常报告

(一)工程异常报告内容

录井过程中设置参数门限报警值,发现参数异常变化时,应综合判断后,立即通知钻井工程相关人员(钻井监督、值班队长、钻井工程师、司钻),及时填写"工程异常报告单",见表4-8。

表4-8 工程异常报告单

井号		日期	
录井队		钻井队	
钻达井深		异常层位	
异常开始时间		报告时间	
异常井段			
异常参数变化情况:			
分析结果报告			
建议处理措施:			
采纳情况:			
实际结果			
报告符合情况			
录井报告人		录井队长签字	
钻井队(或监督)签字		地质监督签字	

(二)工程异常报告单填写要求

(1)异常参数变化详细情况:填写出现异常时各项参数详细变化情况。

(2)分析结果预报:填写根据异常参数变化情况综合分析并判断异常类型。

(3)建议处理措施:填写分析异常的意见、处理的建议等。

(4)采纳情况:填写钻井相关方的采取措施情况。

(5)实际结果:填写实际发生的异常结果。

(6)报告符合情况:填写预测与实际的吻合情况。

(7)录井报告人:预报人手写签名。

(8)录井队长签字:录井队长手写签名。

(9)钻井队长(或监督)签字:钻井队技术负责人或钻井监督手写签名。

(10)地质监督签字:地质监督手写签名。

二、成果表

(一)钻井工程数据表

按钻井地质设计书规定的深度间距对所录取的工程参数进行回放打印，包括井深、钻时、钻压、悬重、立管压力、套管压力、扭矩、泵冲、转速、单池钻井液体积、钻井液总池体积、进出口钻井液密度、进出口钻井液温度、进出口钻井液电导率和钻井液出口流量。

(二)地层压力数据表

按钻井地质设计书规定的深度间距对地层压力数据进行回放打印，包括井深、转速、钻时、钻井液出口密度、泥(页)岩地层 dc 指数、泥(页)岩地层 dc 指数趋势值(dcn)、钻井液循环当量密度、地层压力梯度、地层破裂压力梯度。

三、成果曲线

(一)钻井工程参数曲线

按比例尺 1:500 对所录取的工程参数进行曲线回放，逐米标识，每 10m 标注井深。回放参数项目见"钻井工程数据表"内容。

(二)地层压力曲线

绘制地层压力曲线，其参数包括井深、钻时、泥(页)岩地层可钻性指数、泥(页)岩地层 dc 指数趋势值、钻井液循环当量密度、地层压力梯度、地层破裂压力梯度。

四、随钻工程录井图

(一)随钻工程录井图格式

随钻工程录井图格式如图 4-28 所示。

_____井随钻工程录井图

图 4-28　井随钻工程录井图

(二)随钻工程录井图绘制要求

(1)图道位置、高度、宽度：可根据需要设定。

(2)以时间为纵坐标轴。

(3)应包括但不限于图中的项目。

(4)时间：按综合录井仪的设定设置。

(5)钻达井深、迟到井深、钻头位置：以深度为横坐标轴。

(6)工程录井：项目应包括综合录井仪传感器监测的所有项目。

五、电子资料

保存上述成果资料的电子文档，并注明井名、文件名、录井井段、施工单位、施工负责人和资料处理日期。

第五章　定量荧光录井

第一节　概　　述

一、定量荧光录井

定量荧光录井是在地质录井基础上，对岩石样品溶液进行荧光检测，定量分析岩样中石油含量和原油性质，随钻发现和评价油气层的作业。定量荧光录井技术将人工常规荧光分析方法升级为仪器分析方法，对岩屑、钻井取心、井壁取心样品的石油荧光信息进行数字化采集和光谱显示。仪器分析具有人工常规荧光分析无法比拟的技术优势，检测结果更准确，能够获取更为丰富的石油信息。在轻质油及凝析油显示检测方面具有较高的灵敏度和准确度，可以排除矿物发光和钻井液添加剂污染，使荧光录井质量更高，提供的数据更有价值。

石油在紫外光照射下发出荧光非常灵敏，只要溶剂中含有十万分之一的石油或沥青物质，即可发光。在一定的浓度范围内，当浓度增加时，由于被激发物质的含量同步增加，被激发后表现为荧光亮度成比例线性增强。不同地区的原油所含芳香烃化合物及其衍生物的含量不同，故在紫外光的激发下，被激发的荧光强度和波长是不同的。根据荧光强度可以计算石油含量，这就是荧光录井的基本原理。

二、电子光谱

电子光谱是分子中的电子在电子能级之间跃迁产生的光谱，包括吸收光谱、发射光谱、反射光谱。

紫外可见吸收光谱是物质在紫外光区或可见光区吸收一定波长的光所获得的吸收光谱。紫外光区指波长小于 400nm 的光波区，其中近紫外区波长 200~400nm、远紫外区波长小于 200nm。可见光区是波长 400~800nm 的光波区。

第二节　技术原理

一、荧光的产生

（一）产生过程

具有荧光性的物质分子吸收光能后发生能量跃迁处于不稳定的激发态，处于激发态的分子会放出光子重新回到分子基态，这就是荧光的产生过程，如图 5-1 所示。

（二）激发光源

定量荧光分析仪使用的光源主要是氙灯。氙灯提供辐射能，使待测分子吸收后发出荧

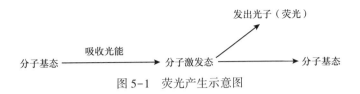

图 5-1 荧光产生示意图

光。光源在所需要的光谱区域内发射连续波长的电磁辐射,应具有足够的辐射强度和稳定性、较长的使用寿命,且辐射能量随波长无明显变化。

(三)激发波长

激发波长(EX)是仪器光源所发射出紫外光束的波长,单位为 nm。激发光谱就是通过测量样品的发光强度随波长变化而获得的光谱,它反映了不同波长激发光引起不同荧光的相对效率。激发光谱的具体测绘办法是通过扫描激发单色器使不同波长的入射光激发荧光体,然后让所产生的荧光通过固定波长的发射单色器而照射到检测器上,由检测器检测相应的荧光强度。激发光谱可鉴别荧光物质,在进行荧光测定时需选择适宜的激发波长。

(四)发射波长

发射波长(EM)是烃类物质吸收紫外—可见光后所发射出荧光的波长,单位为 nm。荧光发射光谱又称荧光光谱,表示烃类物质所发射的荧光中不同烃类组分的相对强度。荧光光谱的测绘方法是保持光源的激发波长和强度不变,让荧光物质所产生的荧光通过发射单色器后照射于检测器上,扫描发射单色器并检测各种波长下响应的荧光强度,通过记录仪记录荧光强度的曲线,得到荧光发射光谱。

二、荧光的猝灭

"郎伯—比尔定律":对于某种稀溶液,在一定的频率及强度的激发光照射下,当溶液的浓度足够小使得对激发光的吸收光度很低时,所测溶液的荧光强度才与该荧光物质的浓度成正比。如果浓度较大时,则荧光强度和溶液的浓度不呈线性关系,此时应考虑级数中的二次方甚至三次方项。当样品浓度增大到一定值时,随着溶液浓度的增大,荧光强度反而减小,这就是浓度过高时出现的荧光猝灭现象。猝灭主要原因有两点:一是当样品浓度较高时,液池前部的溶液强吸收则发生强的荧光,液池后半部的溶液不易受到入射光照,不发生荧光,所以荧光强度反而降低;二是在浓度较高的溶液中,可能发生溶质与溶质间的相互作用,形成一种无荧光的复合物,处于分子激发态荧光物质通过分子碰撞或者其他非发射荧光的方式释放能量回到基态,从而造成荧光强度降低的现象。

三、测量原理

(一)理论基础

定量荧光录井测量原理遵循朗伯—比尔定律。根据现有资料统计结果,在轻质油溶液质量浓度小于 45mg/L 时荧光强度和质量浓度呈线性关系,当溶液质量浓度大于 45mg/L 时出现荧光猝灭现象,使荧光强度和质量浓度的线性关系变差;中质油、重质油溶液质量浓度小于 20mg/L 时荧光强度和质量浓度呈线性关系,当溶液质量浓度大于 20mg/L 时出现荧光猝灭现象。在录井现场要利用邻井相同层位的标准油样制作的标准工作曲线来计算出相当石油含量,然后根据石油含量的多少来判断地层的含油情况,这就是定量荧光技术的测量原理。当被测溶液中的烃类物质浓度较小时，其在紫外光的照射下发出的荧光强度与烃类物质的本质，即原油的荧光效率、烃类物质质量浓度、激发光强度及检测器的增益有关。计算公式如下：

$$F = kI\theta C \qquad (5-1)$$

式中：F 为荧光强度；k 为检测器的增益；I 为激发光强度，cd/cm^2；θ 为荧光效率，R/s；C 为烃类物质质量浓度，mg/L。

对于某一台检测仪器，其参数选定后，k、I 就确定了，加之某一被测烃类物质（原油）的介质条件（θ）也是确定的，因而所测得的荧光强度仅与这种烃类物质质量浓度呈正比关系，即测量出荧光强度就可以对应找出烃类物质质量浓度。

(二)二维定量荧光仪器分析原理

二维定量荧光仪器测量过程：汞灯或氙灯发出的光通过狭缝 1 射入激发滤光片，激发滤光片将光源发出的光过滤成波长为 254nm 的单波长光，光经过狭缝 2 照射到样品室，样品室内比色皿中样品的石油组分吸收激发光的能量产生能量跃迁并发出荧光，经过狭缝 3，再由发射接收光栅分光色散后经过狭缝 4 照射到光电倍增管上，将光信号转变为电信号，经过放大被送至计算机进行处理，最后以数字和谱图的形式输出结果，如图 5-2 所示。

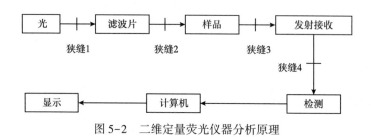

图 5-2　二维定量荧光仪器分析原理

(三)三维定量荧光仪器分析原理

三维定量荧光仪器测量过程与二维定量荧光仪器不同。三维定量荧光仪器灯源氙灯发射出的光束照射 EX 分光器，EX 分光器每转动一个角度允许一种波长的光通过，EX 分光器连续转动，不同波长的光连续通过，照射到样品池上，样品池中的烃类物质吸收激发光后发生能量跃迁并发射荧光。该荧光由大孔径非球面镜的聚光及 EM 分光散射后，照射于光电倍增管上，把光信号转换成电信号，经过放大被送至计算机进行处理，最后以数字和谱图的形式输出结果，如图 5-3 所示。

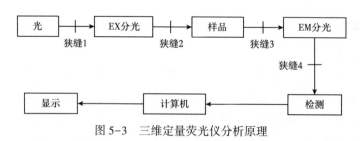

图 5-3　三维定量荧光仪分析原理

四、测量参数及物理意义

(一)参数定义

(1)荧光波长(λ):在激发光照射下,被测样品中烃类物质发射荧光的波长,单位为 nm。

(2)荧光强度(F):在紫外光照射下,被测样品中烃类物质所发射荧光的强弱。

(3)相当油含量(C):单位样品最高荧光强度计算所得到的单位体积溶液中的含油浓度,mg/L。

(4)荧光对比级(N):单位样品中被试剂萃取出有机质含油浓度所对应的级别。

(5)油性指数(O_c):中质油峰最高荧光强度与轻质油峰最高荧光强度的比值。

(6)最佳激发波长(E_x):被测样品最高荧光峰顶对应的仪器激发光波长,nm。

(7)最佳发射波长(E_m):被测样品最高荧光峰顶对应的荧光波长,nm。

(二)二维定量荧光仪器测量参数

二维定量荧光仪器主要测量 6 项参数,其中直接测量参数 2 项:荧光波长和荧光强度;计算参数 4 项:相当油含量、荧光对比级、油性指数和孔渗指数。

1. 荧光波长

如图 5-4 所示,λ 反映原油中不同成分的荧光波长的出峰位置。一般认为:300~340nm 范围的荧光代表原油的轻质成分;340~370nm 范围的荧光代表原油的中质成分;波长大于 370nm 的荧光代表原油的重质成分。

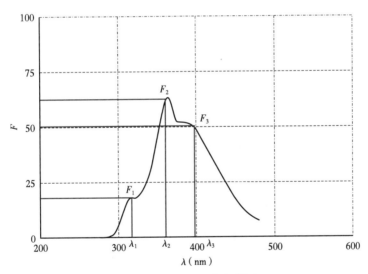

图 5-4 二维定量荧光谱图

2. 荧光强度

如图 5-4 所示,F 反映被测样品中烃类物质的多少,其中 F_1、F_2、F_3 分别代表样品中原油的轻质、中质、重质成分的荧光强度。

3. 相当油含量

(1)相当油含量是单位样品中被试剂萃取出烃类物质的含量,其反映被测样品中的含油丰度,计算公式如下:

$$C=KF+b \tag{5-2}$$

式中:K、b 为校正系数。

（2）当样品被稀释后，相当油含量计算公式如下：

$$C = C'n \qquad (5-3)$$

式中：C' 为被测样品稀释后的相当油含量，mg/L；n 为稀释倍数。

4. 荧光对比级

单位样品中含油荧光级别的大小与相当油含量存在一定的函数关系，计算公式如下：

$$N = 15 - (4 - \lg C)/0.301 \qquad (5-4)$$

岩石样品中含油对比级，可以通过表5-1读取。

表5-1 荧光对比级与相当油含量对比表

相当油含量（mg/L)	10000	5000	2500	1250	625	312.5	156.3	78.1
荧光对比级	15	14	13	12	11	10	9	8
相当油含量（mg/L)	39	19.5	9.8	4.9	2.4	1.2	0.6	
荧光对比级	7	6	5	4	3	2	1	

5. 油性指数

油性指数是反映原油性质相对轻重的参数，计算公式如下：

$$O_c = F_2/F_1 \qquad (5-5)$$

油性指数越小，表示油质相对越轻；油性指数越大，表示油质相对越重。

（三）三维定量荧光仪器测量参数

三维定量荧光仪器测量参数主要有7项，其中直接测量参数3项：最佳激发波长、最佳发射波长（图5-5）和荧光强度，计算参数4项：相当油含量、荧光对比级、油性指数和

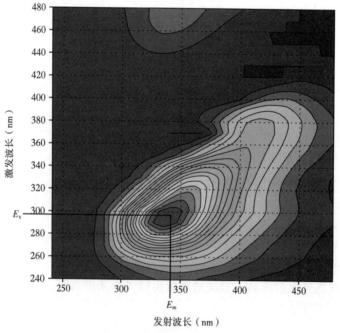

图5-5 三维定量荧光指纹谱图

孔渗指数。

最佳激发波长和最佳发射波长反映原油中不同组成成分的波长出峰位置。与原油性质对应关系表见表5-2。

表5-2　最佳激发波长、最佳发射波长与原油性质对应关系表

原油性质	最佳激发波长（nm）	最佳发射波长（nm）
轻质油	$270 \leqslant E_x < 300$	$300 \leqslant E_m < 355$
中质油	$300 \leqslant E_x < 340$	$355 \leqslant E_m < 380$
重质油	$340 \leqslant E_x \leqslant 400$	$380 \leqslant E_m \leqslant 500$

五、技术特点

（一）灵敏度高、分析精度高

肉眼观测可见光范围大于400nm，二维定量荧光的激发波长为254nm，三维定量荧光的激发波长在200~800nm之间。因此，仪器检测灵敏度更高，检测结果受人为影响较小，可以检测肉眼无法观察到的常规荧光轻质油显示，见表5-3。

表5-3　常规荧光灯与国内外主要定量荧光仪器性能对比表

仪器名称	紫外荧光灯	二维定量荧光仪	三维定量荧光仪
激发波长（nm）	365	254	200~800
接收方式	肉眼观察	数字显示	数字显示
接收波长（nm）	混合光	200~600	200~800
灵敏度（mg/L）	较灵敏	0.1	0.01
信息量	少	较多	多
消除污染方式	人工	自动扣除	自动扣除
定量能力	人工定量	仪器定量	仪器定量
人为影响程度	严重	较轻	较轻

（二）排除钻井液污染

一般情况下，地层油气显示和钻井液添加剂（成品油）荧光谱图具有明显区别，如图5-6所示。定量荧光录井技术可根据谱图上的区别，有效地识别出真假油气显示。特别是三维定量荧光技术以立体图和指纹图的形式很直观地反映出荧光物质的全貌，更易于判断出油气显示与污染物质在出峰个数和位置上的差异，可以有效解决钻井液污染造成的真假油气显示识别的技术难题。

（三）识别原油性质

1. 二维定量荧光谱图

如图5-7所示，不同原油性质有不同的荧光谱图，油质越轻，荧光主峰波长越小，反之越大。

2. 三维定量荧光谱图

根据原油中荧光物质成分不同，荧光主峰位置也不相同的原理。某油田采集了三类原油性质的油样进行分析，归纳出以下三维定量荧光谱图和分析参数。

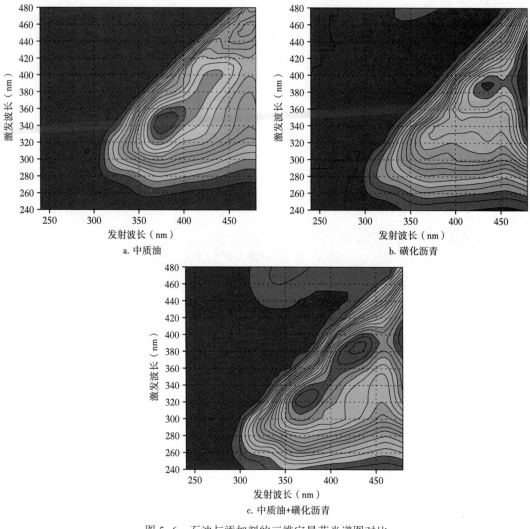

a. 中质油   b. 磺化沥青

c. 中质油+磺化沥青

图 5-6　石油与添加剂的三维定量荧光谱图对比

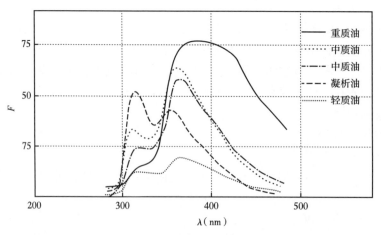

图 5-7　不同原油性质的二维定量荧光谱图

（1）轻质峰谱图特征如图 5-8 所示。

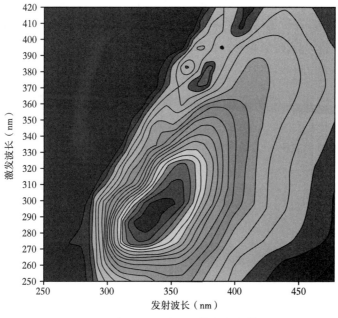

图 5-8　轻质油三维定量荧光指纹谱图

分析参数：激发波长为 250~390nm，发射波长为 250~500nm，扫描步长为 10nm，灵敏度为 1，试剂为正己烷，样品质量浓度为 20mg/L。

出峰位置：激发波长为 280 ~ 290nm，发射波长为 310 ~ 350nm，最佳激发波长为 280nm，最佳发射波长为 332nm。

（2）中质峰谱图特征如图 5-9 所示。

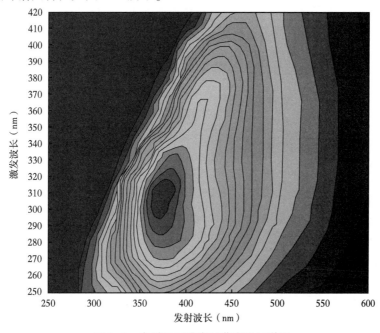

图 5-9　中质油三维定量荧光指纹谱图

分析参数：激发波长为250~420nm，发射波长为250~600nm，扫描步长为10nm，灵敏度为1，试剂为正己烷，样品质量浓度为20mg/L。

出峰位置：激发波长为300~330nm，发射波长为350~380nm，最佳激发波长为310nm，最佳发射波长为364nm。

(3)重质峰谱图特征如图5-10所示。

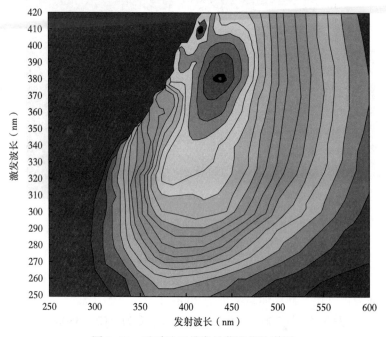

图5-10　重质油三维定量荧光指纹谱图

分析参数：激发波长为260~450nm，发射波长为300~600nm，扫描步长为10nm，灵敏度为1，试剂为正己烷，样品质量浓度为20mg/L。

出峰位置：激发波长为360~390nm，发射波长为420~460nm，最佳激发波长为380nm，最佳发射波长为437nm。

第三节　仪器标定与校验

一、三维定量荧光技术指标

(一)仪器技术指标

(1)激发波长、接收波长：200~800nm。

(2)波长精度：±2nm。

(3)波长重复性误差：<4nm。

(4)光谱带宽：≤10nm。

(二)分析试剂

(1)可任选以下三种溶剂中的一种作为分析试剂：正己烷、庚烷、异丙醇。

(2)试剂纯度级别不低于分析纯。

（三）标准油样

（1）应选取与设计井同一地区、同一构造、同一层位邻近井的原油样品作为仪器标定的标准油样。

（2）区域探井可选取与设计井地质年代相同邻近井的原油样品作为标准油样。

二、三维定量荧光仪器标定

（一）标定要求

（1）应采用不少于 3 个不同浓度的标准油样标定仪器。

（2）标定用原油样品最高浓度不大于 20mg/L。

（3）标定用最高浓度原油样品荧光强度应在仪器接收范围内，且不小于仪器最高接收强度的 50%。

（4）样品配制是由高浓度溶液向低浓度溶液配制，防止试管、微量取样器、试剂瓶之间的交叉污染。

（5）配制好的标准油样要及时分析，防止由于试剂的挥发造成样品的浓度变化，导致仪器标定曲线不准。

（6）标准工作曲线线性响应相关系数应不小于 0.98。相关系数的大小直接反映了不同浓度的标准油样的线性响应关系，相关系数小于 0.98 时，说明标准油样配制不准确，这种情况下，需要重新配制标准油样进行标定。

（7）标准样品的浓度与仪器检测得到的浓度误差应在 ±5% 以内，否则重新进行标定。

（8）录井过程中，钻开新目的层系应选取对应的标准油样重新标定。

（二）仪器灵敏度的调试

一般情况下，以浓度为 20mg/L 标准油样的荧光强度来调试仪器灵敏度。

（三）主峰波长的选定

主峰波长是定量荧光分析谱图中荧光强度最高峰的位置，因此，主峰波长是依据标准油样谱图中最高峰位置的波长来确定的。相当油含量、荧光对比级、荧光强度这三个参数都是根据主峰波长的位置进行计算，因此主峰波长确定的准确与否，直接影响着分析参数的计算是否准确。一般情况下，标定仪器时所确定的主峰波长与录井过程中显示层的主峰波长是一致的，或者有 ±5nm 的误差，这时不需要重新选定主峰波长。如果选定的主峰波长超过 ±5nm 的范围，那就需要重新选定主峰波长。出现这种情况的原因主要是没有找到合适的标准油样。

（四）工作曲线标定

仪器标定工作曲线就是利用不同浓度标准油样的分析结果制作的一条工作曲线。录井过程中按照这条工作曲线自动计算出本井样品的各项参数，现场标定时应采用至少 3 个不同浓度的油样（如 10mg/L、20mg/L、30mg/L）进行标定。确定灵敏度、选定好主峰波长以后，通过定量荧光分析软件对仪器进行标定，然后软件自动计算出浓度的拟合斜率 K、截距 b 和相关系数。

（五）标准油样的配制

第一步：在电子天平上称取 1g 标准油样放入第一个具塞试管内，加入正己烷至 10mL，摇晃使油样完全溶解。

第二步：在第一个试管内用微量进样器取 100uL 的油样，放入第二个试管内，加入正己烷至 10mL，摇晃均匀，配制成 1000mg/L 的标准油样。然后再把微量进样器放入第七个试管内清洗。

第三步：从 1000mg/L 的标准油样试管内用微量进样器取 50μL 的标准油样，放入第三个试管内，加入正己烷至 10mL，摇晃均匀，配制成 5mg/L 的标准油样。依次从 1000mg/L 的标准油样试管内取 100μL、150μL、200μL 的标准油样，分别放入第四个、第五个、第六个具塞试管中，加入正己烷至 10mL，摇晃均匀，配制成 10mg/L、15mg/L、20mg/L 的标准油样。

三、仪器校验

（1）三维定量荧光日常校验可采用浓度为 10mg/L、20mg/L 的油样进行校验，所测得的浓度与已知浓度的差值不超过±5%。

（2）用蒸馏水作为检测试剂放入比色皿中（4mL），散射峰应完整连续，且激发波长应与发射波长相等。

（3）蒸馏水或正己烷原始图谱的基线荧光强度应在合理范围内（根据现场实际，人工读取的三维基线强度应小于 20，二维基线强度应小于 5）。

第四节　资料采集

一、样品选取与处理

（一）样品选取

1. 岩屑样品

（1）根据设计或建设方要求，按岩屑录井间距进行取样分析。

（2）结合钻时、气测等资料选取具有代表性岩屑样品；岩屑代表性差，无法选样时，取混合样；目的层井段捞不到岩屑时，按岩屑录井间距取钻井液样品。

（3）岩屑用清水清洗到水清为止，晾干或用滤纸吸干水分后分析。

2. 钻井取心样品

除去岩心表面附着的钻井液、滤饼，选取新鲜面样品，储层每 0.2m 取 1 个样品或根据地质需要取样分析。

3. 井壁取心样品

除去井壁取心表面附着的钻井液、滤饼，选取新鲜面样品，逐颗取样或根据地质需要取样分析。

4. 钻井液添加剂

入井的不同类型、不同批次的钻井液添加剂每种至少取 1 个样品。

5. 钻井液样品

（1）录井过程中，每钻进 100m 至少取 1 个钻井液样品。

（2）每次调整钻井液循环均匀后，至少取 1 个钻井液样品。

（二）样品处理

1. 岩屑、钻井取心、井壁取心储层样品

用研钵碾碎，称取 1.0g 放入具塞试管中，加入 5.0mL 分析试剂，浸泡 5min。

2. 泥岩、页岩样品

用研钵碾碎，称 1.0g 放入具塞试管中，加入 5.0mL 分析试剂，浸泡 30min。

3. 钻井液添加剂固态样品

称 1.0g 放入具塞试管中，加入 5.0mL 分析试剂，浸泡 5min。

4. 液体样品

取 1.0mL 放入具塞试管中，加入 5.0mL 分析试剂，浸泡 5min。

二、溶液稀释

(一)分析溶液稀释要求

分析样品溶液应稀释到无色透明后进行分析，记录稀释倍数。

(二)稀释方法

(1)估计一个合适的稀释倍数，根据最终的稀溶液体积，计算待取的浓溶液的体积：

$$V_1 = V_2/n \qquad (5-6)$$

式中：V_1 为浓溶液的体积，mL；V_2 为稀溶液的体积，mL；n 为稀释倍数。

(2)用可调微量移液器移取 V_1 浓溶液，放入洁净干燥的具塞刻度试管中，用滴管向刻度试管中加入溶剂(正己烷试剂)至试管 V_2 刻度处，此溶液即为稀释好的样品溶液，记下稀释倍数。

一般情况下，仪器线性响应浓度范围在 45mg/L 以下，因此，要保证比色皿中液体浓度小于 45mg/L。对于未知浓度的分析样品，可根据初次分析的谱图形态判断液体浓度。浓度超出仪器检测范围时，在谱图上会出现两种状态：一是谱图出现平顶峰，二是谱图的荧光强度不增反降，而且中、重质油峰的位置曲线上移，此时应进行适当稀释，直至谱图合格。

三、样品分析

(1)将稀释后的样品溶液直接放入石英比色皿中进行分析。

(2)样品波长扫描范围：激发波长 200~800nm、发射波长 200~800nm，可依据资料需要进行调整，波长范围应包括 240~460nm。

(3)比色皿清洗：测完一个样品用试剂将比色皿冲洗干净。

(4)根据岩样的荧光谱图得到的荧光波长、荧光强度、相当油含量、荧光对比级等数据，确定荧光异常井段。

(5)样品应标识井号、编号、井深、取样日期。

(6)没有及时分析的样品应密封保存。

四、采集资料

(一)采集参数

(1)保存定量荧光分析谱图。

(2)根据仪器型号、样品分析结果，采集并保存：序号、井深、样品类型、激发波长、荧光波长、稀释倍数、荧光强度、相当油含量、对比级别、油性指数等数据，生成"三维定量荧光录井分析记录"。

(二)钻井液背景的确定

（1）正式录井前，应对钻井液用水和要入井的添加剂不同类别、不同批次分别取样分析。

（2）若钻井液与分析试剂的谱图特征相似，选用分析试剂的谱图作为背景值。

（3）若钻井液与钻井液添加剂的谱图特征相似，宜选用钻井液的谱图作为背景值。

（4）若钻井液与标准油样的谱图特征相似，宜选用目的层井段以上不含油的储层岩屑荧光谱图作为背景值。

（5）将背景值从样品谱图中扣除并保存，扣除背景值后的谱图作为解释依据。

第五节　主要影响因素

定量荧光的分析结果受外界影响因素较多，样品的选取和处理、溶剂的选用、稀释倍数的合理性等都会对分析结果产生影响。

一、样品挑选

定量荧光的样品分析是将岩石样品进行研磨、浸泡、扫描分析，样品挑取的质量和处理过程对分析结果的影响最大，因此，要严格按要求操作。

二、比色皿清洁

测定完一个样品，要用试剂冲洗比色皿，防止比色皿中液体混浊或出现气泡等现象，在保证其内表面清洁的同时，还应注意外表面的清洗。

三、试剂选用

目前现场普遍使用的试剂是正己烷，其自身荧光强度低、萃取性好、成本低，使用过程中应注意试剂生产厂家和批次的不同对分析结果的影响。

四、稀释倍数

测定未知浓度样品时，应该对该样品进行充分稀释，直至本次稀释的测定值比上一次的测定值小时，才能以本次测定的值乘以稀释倍数作为该样品的荧光强度。

五、现场环境

当井场电压不稳或者震动较大时，会使仪器分析出现不稳定性，导致分析结果出现偏差。三维定量荧光仪器远离磁场，如仪器房旁边摆放的钻杆、套管都会影响仪器出峰不正常。仪器工作环境温度应在 5~30℃ 之间。

六、仪器硬件

定量荧光分析的准确性不仅依赖于规范化的操作，还要依赖于仪器的正常运转，当仪器元器件（如氙灯）老化或者出现故障时，可能会导致分析结果异常变化和谱图变形。

第六章　岩石热解地球化学录井

第一节　概　　述

一、概念

（一）岩石中的有机质

油气的形成是干酪根在一定的埋藏深度和温度下，将不稳定的官能团和侧链脱离生成石油和天然气，这个过程叫热演化或热降解。在一定条件下，烃源岩中有机物一部分生成石油、天然气并运移到具有孔隙或缝洞型的储集岩中，另一部分残留在烃源岩中，而未生成烃类的高聚合物干酪根也存在于烃源岩中。储集岩中的石油是由各种烃类、胶质和沥青质组成的混合物，烃源岩中含有一定量的石油和生油母质干酪根。不同的烃类、胶质、沥青质、干酪根均具有不同的沸点，当温度达到某有机组分的沸点时，该种有机物质便蒸发或裂解并从岩石中解析。

（二）岩石热解分析

岩石热解分析技术主要包括热解分析及氧化分析两部分。热解分析是在缺氧条件下对岩石样品程序加热，同步测定样品中不同温度区间内可热脱附和裂解烃类产物的数量。氧化分析是热解后样品在有氧条件下恒温加热，测定所含的残余碳量，以残余碳量加有效碳量计算总有机碳量。

（三）岩石热解地球化学录井

岩石热解地球化学录井是在钻井过程中，利用岩石热解分析技术，随钻对储集岩、烃源岩进行定量分析、评价的作业。

二、分析原理

岩石热解分析就是通过程序升温控制热解炉的温度，在程控升温的热解炉中，对烃源岩、储集岩的岩石样品进行加热，使岩石样品中的自由液态烃热蒸发为气体、高聚合的有机质（胶质、沥青质、干酪根）热裂解成为气态烃，与岩石样品中的游离气态烃一起随载气流排出，用氢火焰离子化检测器检测；将检测到的样品浓度转换成相应的电信号，经计算机处理，得到各温度区间的烃含量及最高热解温度 T_{max}。岩石热解分析后的样品在600℃温度下加空气，样品内的残余有机碳在受热过程中与空气中的氧气发生反应生成二氧化碳，载气携带二氧化碳送至热导池检测器（或红外检测器）检测，或催化加氢转化为甲烷后用氢火焰离子化检测器检测；经计算机运算处理，可得到残余有机碳含量。利用标准样品标定法定量计算不同温度区间烃含量和 T_{max}，用于储集岩和烃源岩评价。岩石热解分析流程如图6-1所示。

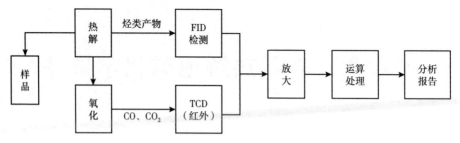

图 6-1　岩石热解分析流程图

第二节　分析仪器

一、分析仪器与试剂

(一)分析主机

包括岩石热解分析仪、残余碳分析仪。

(二)辅助设备

1. 供气设备

包括氢气发生器、空气压缩机、氮气发生器,技术参数见表 6-1。

表 6-1　供气工作压力及纯度

供气设备名称	纯度(%)	输出压力(MPa)	气体发生量(mL/min)
氢气发生器	≥99.99%	≥0.4	≥200
空气压缩机	无水无油 3 级	≥0.4	≥1000
氮气发生器	≥99.99	≥0.4	≥300

2. 其他设备

包括荧光灯(暗箱式)、计算机、打印机、电子天平、恒温冷藏箱、UPS 不间断稳压电源。

(1)电子天平:最大称量≤100g,分度值≤0.1mg。

(2)恒温冷藏箱:温度控制范围 2~20℃,容积≥50L。

(3)UPS 不间断稳压电源:额定功率≥2000W,断电持续时间≥30min(额定负载情况下)。

(三)试剂与材料

试剂与材料包括蒸馏水、分析纯 NaOH 或 KOH、分析纯 5A 分子筛、活性炭、硅胶。岩石热解地球化学分析标准物质须经国家质量技术监督部门批准。

二、仪器搬运与安装

(一)仪器搬运

搬迁仪器时,应固定牢靠,并采取包装防护措施。

(二)仪器安装

(1)仪器应在断电状态下安装,地线接地良好。

(2)仪器安装应牢固、平稳。

（3）各种电缆线、信号线、气路管线和仪表连接正确，牢固、不漏气。

（4）正确连接计算机系统与仪器接口、打印机。

三、工作条件

（1）工作环境：无影响测量的气体污染、无电磁干扰、无震动，温度 10～30℃，湿度 ≤80%。

（2）绝缘和漏电保护：整机供电电路对外壳绝缘和相互绝缘均应不低于 2MΩ，安装有漏电保护装置。

（3）空气中可燃气体含量应不超过爆炸下限。

第三节　仪器标定与校验

一、标准物质选取及指标

（一）标准物质选取

中华人民共和国国家市场监督管理总局批准发布的国家二级岩石热解标准物质。

标准物质是用于标定校验仪器和计算岩石热解分析参数不可缺少的标准样品，是热解分析过程中量值传递、保证热解分析数据准确性和可比性的主要依据。

（二）技术指标

仪器测定标准物质，S_2（300～600℃或者300～800℃检测的单位质量烃源岩中的烃含量）、S_4（单位质量烃源岩热解后的残余有机碳含量）、T_{max} 测量值的重复性与准确度应符合表6-2至表6-4的要求。

表 6-2　S_2 指标

S_2（mg/g）	相对偏差（%）	相对误差（%）
>9～20	≤3	≤6
>3～9	≤5	≤8
>1～3	≤10	≤13
>0.5～1	≤15	≤20
0.1～0.5	≤30	≤50
<0.1	不规定	不规定

表 6-3　S_4 指标

S_4（mg/g）	相对偏差（%）	相对误差（%）
>20	不规定	不规定
>10～20	≤8	≤10
3～10	≤10	≤15
<3	不规定	不规定

表 6-4　T_{max} 指标

T_{max} (℃)	偏差 (℃)	误差 (℃)
<450	≤2	≤3
≥450	≤3	≤5

注：S_2<0.5mg/g 时，不规定 T_{max} 的偏差与误差范围。

二、技术指标计算

（1）偏差与相对偏差：

$$D = |X_1 - \overline{X}|\tag{6-1}$$

$$D_R = \frac{|X_i - \overline{X}|}{\overline{X}} \times 100\%\tag{6-2}$$

式中：D 为偏差；D_R 为相对偏差；X_i 为当前测量值；$\overline{X}$ 为两次或两次以上测得结果的平均值。

（2）误差与相对误差：

$$\delta = |X_i - Y|\tag{6-3}$$

$$E_r = \frac{|X_i - Y|}{Y} \times 100\%\tag{6-4}$$

式中：δ 为误差；E_r 为相对误差；Y 为校准物质的量值。

（3）双差与相对双差。

仪器标定两次检测结果的双差与相对双差计算方法：

$$\sigma = |A - B|\tag{6-5}$$

$$\eta = \frac{|A - B|}{(A + B)/2} \times 100\%\tag{6-6}$$

式中：σ 为双差；η 为相对双差；A、B 为同一标准物质两次平行测定的结果。

三、仪器标定

（一）标定周期

每次开机样品分析前应进行仪器标定。

（二）空白分析

（1）启动仪器，仪器稳定（运行 30min 以上）后，做空白分析。

（2）空白分析：使用无污染的空坩埚进行不少于两次的空白分析，基线漂移不超过 0.05mV。

（三）标样分析

选用一种 S_2 标称值介于 2~10mg/g 的标准物质，称取 100mg±0.1mg，做两次或两次以上平行测定，测定结果的双差或相对双差应满足：

（1）S_2 连续两次分析的峰面积相对双差 ≤5%。

（2）S_4 连续两次分析的峰面积相对双差 ≤10%。

（3）T_{max} 连续两次分析的双差 ≤2℃。

（四）标定记录

保留标定图谱，填写、保留标定记录，见表 6-5。

表 6-5　标定记录

序号	日期	时间	标准物质编号与参考值				测量值			标定人
			编号	S_2 （mg/g）	T_{max} （℃）	S_4 （mg/g）	S_2 峰面积 （mV·s）	T_{max} （℃）	S_4 峰面积 （mV·s）	

（五）标定要求

若测定结果的双差或相对双差超出限定范围，应重新标定。

四、仪器校验

（一）重复性

连续检测同一标准物质两次或两次以上，S_2 与 S_4 重复测量值的相对偏差、T_{max} 的偏差应符合技术指标要求。

（二）准确度

选用一种 S_2 标称值介于 2~10mg/g 的标准物质进行测量，S_2 与 S_4 测量值和标准物质值的相对误差、T_{max} 的误差应符合技术指标要求。

（三）校验周期

（1）仪器连续工作超过 12 小时应校验。

（2）连续分析样品超过 30 个应校验。

（四）校验记录

保留校验图谱，填写校验记录，见表 6-6。

表 6-6　校验记录

序号	日期	时间	标准物质编号与参考值				测量值			校验人
			编号	S_2 （mg/g）	T_{max} （℃）	S_4 （mg/g）	S_2 （mg/g）	T_{max} （℃）	S_4 （mg/g）	

第四节 资料采集

一、采集参数

岩石热解分析采集原始参数及定义见表6-7。

表6-7 岩石热解分析参数及定义

参数	含义
S_0（mg/g）	90℃检测的单位质量岩石中的烃含量
S_1（mg/g）	300℃检测的单位质量岩石中的烃含量
S_2（mg/g）	>300~600℃检测的单位质量岩石中的烃含量
S_4（mg/g）	单位质量岩石热解后的残余有机碳含量
T_{max}（℃）	S_2 最高热解峰对应的温度

二、样品选取

（一）取样要求

结合钻时、气测等录井资料，在自然光和紫外光条件下观察并及时选取具有代表性的岩样。样品不得进行烘烤、氯仿滴照。若岩屑样品代表性差，选取混合样。

（二）储集岩取样密度

（1）储集岩岩屑样品按岩屑录井采样间距分析，应去除污染物，用滤纸吸干水分后及时上机分析。

（2）钻井取心：同一岩性段厚度≤0.5m，分析1个；0.5m<同一岩性段厚度≤1m，等间距分析2~3个；同一岩性段厚度>1.0m，每米等间距分析3个。

（3）井壁取心：逐颗分析。

（4）钻井取心和井壁取心尽量选取没有受到钻井液污染的部位，样品不得研磨和用滤纸包裹或吸附，破碎大小能放入坩埚即可。

（三）烃源岩取样密度

烃源岩岩屑样品按岩屑录井采样间距分析，钻井取心每米等间距分析2~3个，井壁取心逐颗分析。

烃源岩样品清洗去除钻井液等污染，样品自然风干，粉碎研磨后分析，粒径在0.07~0.15mm之间。

（四）样品保存

若分析速度跟不上钻井速度时，应将样品放入恒温冷藏箱内密封保存，填写样品标签，内容包括井号、井深、岩性等。密封保存样品应在7天内进行分析。选取样品应填写"储集岩热解分析选样记录表"，见表6-8。

表6-8 储集岩热解分析选样记录表

序号	井深	层位	岩性	样品类型	选样日期	选样人

三、分析流程

(一)岩石热解分析

(1)岩石热解分析仪器温度控制指标见表6-9。

表6-9　岩石热解分析仪器温度控制指标

分析参数	分析温度（℃）		恒温时间（min）	升温速率（℃/min）
	起始	终止		
S_0	90	90	2	
S_1	300	300	3	
S_2	300	600	1（600℃）	50

(2)分析周期温度控制时序图如图6-2所示。

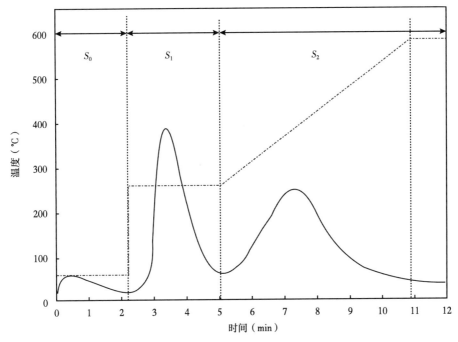

图6-2　分析周期温度控制时序图

(二)烃源岩残余碳分析

烃源岩残余碳分析仪器温度控制指标见表6-10。

表6-10　烃源岩残余碳分析仪器温度控制指标

阶段	温度（℃）	恒温时间（min）
氧化炉氧化	600	7
捕集阱吸附	50	7
捕集阱释放	260	3.5

（三）样品分析

（1）称取样品 100mg 进行分析，含油饱满的样品可适当减少称样量。

（2）热解后的烃源岩样品应进行 S_4 检测。

（3）输入井号、序号、井深、样品类型、分析时间、分析人、样品质量等必要的样品信息，按操作程序进行样品分析，保存岩石热解分析谱图，记录采集参数 S_0、S_1、S_2、S_4、T_{max}，生成"岩石热解分析记录表"。

四、计算参数

（1）储集岩评价计算参数见表 6-11。

表 6-11   储集岩评价计算参数

参数	含义与计算公式
P_g（mg/g）	含油气总量，$P_g = S_0 + S_1 + S_2$
P_S	原油轻重比，$P_S = S_1/S_2$
GPI	气产率指数，$GPI = S_0/(S_0 + S_1 + S_2)$
OPI	油产率指数，$OPI = S_1/(S_0 + S_1 + S_2)$
TPI	油气总产率指数，$TPI = (S_0 + S_1)/(S_0 + S_1 + S_2)$

（2）烃源岩评价计算参数见表 6-12。

表 6-12   烃源岩评价计算参数

参数	含义与计算公式
P_g（mg/g）	生烃潜量，$P_g = S_0 + S_1 + S_2$
P_C	有效碳含量，$P_C = [0.83 \times (S_1 + S_2)]/10$
R_C	残余碳含量，$R_C = S_4/10$
TOC	总有机碳含量，$TOC = P_C + R_C$
HCI	生烃指数，$HCI = S_1 \times 100/TOC$
HI	氢指数，$HI = S_2 \times 100/TOC$
PI	产率指数，$PI = S_1/(S_1 + S_2)$

（3）资料处理。

岩石热解分析资料处理要求：在储集岩解释评价前，应进行钻井液驱替影响的校正、烃类挥发及逸散损失的恢复处理。

第五节   主要影响因素

岩石热解分析对象为岩屑、钻井取心、井壁取心，主要是检测储层的含油气信息。受储层类型、油气层类型、钻井复杂工况及其他因素的影响，会造成岩石热解分析结果异常。

一、地质因素

（一）储层原油性质影响

原油性质不同，烃损失程度也不同。轻质油或凝析油由于轻组分高、挥发严重，储层样品损失最大，中质油次之，重质油损失量最小。如果样品放置时间过长或密封不严，会导致分析结果较储层实际油气显示差。

(二)储层物性影响

储层物性越好，烃类损失程度越大。疏松碎屑岩和以裂缝、孔洞为储集空间的碳酸盐岩、火山岩、变质岩等储集岩，会导致分析结果含油性变差。低孔低渗透储层，由于岩样中的油气向外逸散慢，烃类损失少，分析结果相对准确。

二、工程因素

(一)钻井液冲刷的影响

在随钻井液上返过程中，岩屑被冲刷、磨损甚至破碎严重，使储层中的烃类被冲刷带走。井眼越深、井温越高、受钻井液冲刷时间越长，岩石样品中的油气损失也越大。

(二)钻头类型和钻井工艺的影响

钻头类型和新旧程度不同，破碎岩屑的形态和大小不同；由于岩屑颗粒小、比表面积大，岩石样品中的油气损失也越大。

三、样品类型的影响

钻井取心样品除岩心表面烃类在钻井液的冲洗作用下有损失外，其岩心内部的烃类损失相对较小。井壁取心样品受钻井液滤液冲洗，造成烃类的损失量往往较大。岩屑破碎程度高，比表面积大，具有较高温度的钻井液对岩屑表面的烃类清洗和冲刷作用强，烃类会有较多的损失。

四、人为因素

(1)分析时间的影响：取样分析时间和密封程度不同，烃损失程度不同。如果岩石样品分析不及时，会导致样品中烃类损失量增大。

(2)取样密度的影响：采样密度不够，分析结果代表性较差。

(3)岩屑样品清洗的影响：用高温或有油污的水、猛烈冲洗岩屑，容易导致岩屑中的烃类损失量增大。

(4)岩样挑选的影响：挑选的样品代表性差，挑选的样品重量不准，直接导致分析结果不准确。

(5)仪器操作条件的影响：仪器工作不稳定或出现故障，直接导致分析结果不准确。

第七章　岩石热蒸发烃气相色谱录井

第一节　概　述

一、概念

热蒸发指通过加热使一种物质由液态或固态转化为气态的过程。热蒸发烃是利用热蒸发装置对岩石样品加热到一定温度所获得的气态烃类。岩石热蒸发烃气相色谱录井是利用气相色谱分析技术对岩石样品中的热蒸发烃进行检测，随钻定量评价储集岩的作业。

二、分析原理

热蒸发烃气相色谱分析是将样品在热解炉中加热到 300~350℃，使存在于储集岩孔隙或裂缝中的烃类组分挥发，用气相色谱分离这些组分，并通过 FID 检测，由计算机自动记录各组分的色谱峰及其相对含量（图 7-1）。利用该方法是为了检测岩石内原油中轻烃的馏分，为了避免原油中较重烃类热裂解成轻烃或烯烃，导致分析的烃类组分分布失真，热解炉的温度必须控制在恒温 300℃。

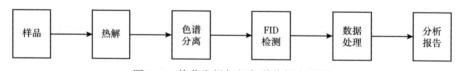

图 7-1　热蒸发烃气相色谱分析流程图

将待分析的岩石样品装入坩埚，送入热解炉内，通以载气，加热至 300℃，使样品中的烃类挥发、与样品分离，由载气携带进入毛细色谱柱，经色谱柱分离后进入 FID，将检测到的各种组分转换成相应的电信号，经放大器放大后送到微处理单元处理，记录各组分的保留时间和积分面积，输出含量信号与时间曲线图，从而获得原油中蒸发烃的组成及相对含量。热蒸发烃气相色谱分析主要检测的碳数范围是 nC_8—nC_{40} 的单体烃，但是由于某些客观因素的影响，如样品自然挥发或散失，通常能够检测到的是碳数范围在 nC_{11}—nC_{37} 之间的烃。

第二节　分析仪器

一、分析仪器与试剂

（一）分析主机
包括热蒸发烃组分分析仪。

（二）供气设备

包括氢气发生器、空气压缩机、氮气发生器，技术参数见表 7-1。

表 7-1 供气工作压力及纯度

供气设备名称	纯度（%）	输出压力（MPa）	气体发生量（mL/min）
氢气发生器	>99.99	0.20~0.40	≥200
空气压缩机	无水无油 3 级	0.30~0.40	≥1000
氮气发生器（氮气瓶）	>99.99	0.30~0.40	200

（三）辅助设备

包括不间断稳压电源、计算机、打印机，电子天平。

（四）试剂与材料

(1) 弹性石英毛细管色谱柱：长度 30~50m、内径 0.20~0.32mm、膜厚 0.25μm，最高使用温度不低于 340℃，固定相一般为聚二甲基硅氧烷。

(2) 蒸馏水、分析纯 NaOH 或 KOH、分析纯 5A 分子筛、活性炭、硅胶。

二、仪器搬运与安装

（一）仪器搬运

搬迁仪器时，应固定牢靠，并采取包装、防护措施。

（二）仪器安装

(1) 仪器应在断电状态下安装，地线接地良好。

(2) 仪器安装应牢固、平稳。

(3) 电缆线、信号线、气路管线和仪表连接正确，牢固、不漏气。

(4) 干燥管中装入活性炭和硅胶，两端填充脱脂棉，并与气源和仪器连接。

(5) 正确连接计算机系统与仪器接口、打印机。

三、工作条件

(1) 无腐蚀性气体、无强电磁场干扰、无强烈震动，温度 10~35℃。

(2) 绝缘和漏电保护：整机供电电路对外壳绝缘和相互绝缘均应不低于 2MΩ，安装有漏电保护装置。

(3) 空气中可燃气体含量不应超过爆炸下限。

四、仪器技术指标

（一）分析条件

1. 温度设定

(1) 热解炉温度：300℃。

(2) 管路及检测器温度：310~350℃。

(3) 柱箱温度：初始温度为 50~100℃、恒温 1~3min；升温速率为 5~20℃/min；终止温度为 300~310℃，恒温至无峰显示为止。

2. 气体流量设定

(1) 载气（氮气）流速：15~25cm/s。

（2）燃气（氢气）流量：30～50mL/min。

（3）助燃气（空气）流量：300～500mL/min。

（4）尾吹气（氮气）流量：25～35mL/min。

（二）技术指标要求

（1）色谱分析的饱和烃组分峰形应对称。

（2）姥鲛烷与正十七烷色谱峰分离度不小于85%（以低峰高度为准）。

（3）同一样品三次平行测定同一组分保留时间绝对偏差应小于0.2min。

第三节　仪器校验

一、校验要求

（1）新仪器、大修后仪器在投入使用前应进行校验。

（2）正常使用情况下，仪器使用时间达到1年应进行校验。

（3）仪器移动、调整仪器的分析参数、更换色谱柱后应进行校验。

（4）仪器出现明显偏差应进行校验。

（5）第一次开机或连续工作48小时后应进行一次平行样分析，其测定值应符合技术指标要求，以确认仪器状态正常。

二、重复性要求

（一）相对偏差

同一样品三次平行测定同一组分的相对偏差计算公式如下：

$$d = \frac{|X - A|}{A} \times 100\% \tag{7-1}$$

式中：d 为相对偏差,%；X 为单次分析实测值；A 为三次分析平均值。

（二）相对偏差要求

同一样品三次平行测定同一组分结果的重复性应符合表7-2的规定。

表7-2　热蒸发烃组分平行测定相对偏差要求

质量分数 a（%）	$a>10$	$5\leqslant a\leqslant 10$	$1\leqslant a<5$	$0.5\leqslant a<1$	$a<0.5$
相对偏差（%）	≤8	≤10	≤15	≤20	不规定

三、基线稳定性校验

（一）空白分析

开机且仪器稳定后，放入无污染的空坩埚，空白运行至无峰显示为止，量程为0.5mV。

（二）基线噪声

仪器柱箱温度在100℃恒温状态下，空白运行基线噪声与漂移最大不超过0.03mV/30min。

四、平行样选择与分析

(一)样品选择

制作相同重量的同一样品三份。样品一般选取重量为 20～30mg、正构烷烃组分齐全、S1 在 1mg/g 以上、研磨均匀的样品。

(二)平行分析

由同一操作者按相同测试方法对三份样品进行连续分析。

五、质量要求

(1)相同重量三份样品平行分析的结果,应满足第七章第二节"三、仪器技术指标(二)技术指标要求"和表 7-2。

(2)色谱图饱和烃组分峰形对称,姥鲛烷与正十七烷色谱峰分离度不小于 90%。

六、校验记录

仪器校验谱图应标明分析日期、标样名称、仪器型号、操作者姓名,校验记录归档保存。

第四节　资料采集

一、样品选取

(1)结合钻时、气测等录井资料及时选取具有代表性的岩样。样品不得烘烤、氯仿滴照。若岩屑样品代表性差,采用混合样进行测定。

(2)储集岩岩屑样品应去除污染物,用滤纸吸干水分后分析。

(3)钻井取心和井壁取心取岩心未受钻井液侵染的中心部位。

(4)选取样品后应及时填写"热蒸发烃气相色谱录井选样记录表",见表 7-3。

表 7-3　热蒸发烃气相色谱录井选样记录表

样品编号	井深	层位	岩性	样品类型	选样日期	选样人	备注

(5)若分析速度跟不上钻井速度时,应将样品放入容器内密封保存,填写样品标签,内容包括井号、井深、岩性等。密封保存样品应在 7 天内进行分析。

二、样品分析

(一)分析准备

(1)打开总电源。

(2)确认净化剂、电解液量正常后,启动辅助设备电源。

(3)待气源压力达到设定值,稳定供气后,启动 UPS 电源及主机电源。

(4)启动计算机进入仪器操作软件。

(5)仪器预热至少 30min,仪器稳定后开始空白分析。

(二)空白分析

使用无污染的空坩埚,按正常分析程序运行,将柱中残留烃类赶出至基线平稳。

(三)样品检测

准确称量待测样品,输入井号、序号、井深、岩性、样品类型、重量等参数,进行样品分析。为了保证气路及色谱柱不被污染,分析样品量应参照表7-4的规定选取。

表7-4 进样量参考值表

序号	S_1 (mg/g)	参考进样量 (mg)
1	$0 \leqslant S_1 < 10$	20
2	$10 \leqslant S_1 < 20$	10
3	$\geqslant 20$	5

三、采集参数

(一)分析谱图

岩石热蒸发烃气相色谱分析过程中,碳数少的烃组分先流出色谱柱,一般以正碳十七烷与姥鲛烷(Pr)、正碳十八烷与植烷(Ph)两对标志峰为参考,利用碳数分布规律对各组分进行定性。分析后,保存岩石热蒸发烃气相色谱分析谱图,如图7-2所示。

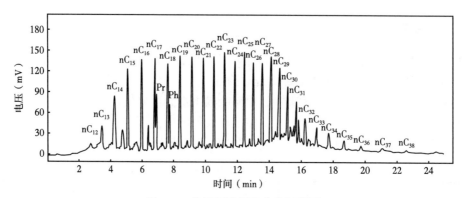

图7-2 常见原油烃组分分析谱图

(二)分析参数

分析后,记录井深、烃组分、峰面积等原始分析数据,生成"岩石热蒸发烃气相色谱分析记录"。

四、计算参数

(1)计算 C_8 及以上各组分(nC_8—nC_{40})的相对百分含量。

(2)计算岩石热蒸发烃气相色谱分析的特征参数,见表7-5。

表7-5 岩石热蒸发烃气相色谱分析特征参数

参数	含 义
碳数分布范围	样品中所含正构烷烃碳数的范围
主峰碳	样品中相对含量最高的正构烷烃碳数

参数	含　义
Pr/Ph	姥鲛烷与植烷之比
Pr/nC$_{17}$	姥鲛烷与正十七烷之比
Ph/nC$_{18}$	植烷与正十八烷之比
$\sum$nC$_{21-}$/$\sum$nC$_{22+}$	正二十一烷之前的正构烷烃相对含量之和与正二十二烷之后的正构烷烃相对含量之和的比值
奇偶优势（OEP）	色谱峰中正烷烃奇数碳的质量分数与偶数碳的质量分数之比
碳优势指数（CPI）	C$_{24}$—C$_{34}$范围内分别取两次奇数碳数的浓度和偶数碳数的浓度总和之比的平均值

第五节　主要影响因素

岩石热蒸发烃气相色谱分析对象为岩屑、钻井取心、井壁取心，主要是检测储层的含油气信息。受储层类型、油气层类型、钻井复杂工况等因素的影响，会造成热蒸发烃气相色谱分析结果异常。

一、地质因素

（一）储层原油性质影响

原油性质不同，烃损失程度也不同。轻质油或凝析油由于轻组分高、挥发严重，储层样品损失最大，中质油次之，重质油损失量最小。如果样品放置时间过长或密封不严，会导致分析结果显示差。

（二）储层物性影响

储层物性越好，烃类损失程度越大。疏松碎屑岩和以裂缝、孔洞为储集空间的碳酸盐岩、火山岩、变质岩等储集岩，会导致分析结果含油性变差。低孔低渗透储层，由于岩样中的油气向外逸散慢，烃类损失少，分析结果相对准确。

二、工程因素

（一）钻井液的影响

在随钻井液上返过程中，岩屑被冲刷、磨损甚至破碎严重，使储层中的烃类被冲刷带走。井眼越深、井温越高、受钻井液冲刷时间越长，岩石样品中的油气损失也越大。

（二）钻头类型和钻井工艺的影响

钻头类型和新旧程度不同，破碎岩屑的形态和大小不同；由于岩屑颗粒小、比表面积大，岩石样品中的油气损失也越大。

三、样品因素

钻井取心样品除岩心表面烃类在钻井液的冲洗作用下有损失外，其岩心内部的烃类损失相对较小。井壁取心样品受钻井液滤液冲洗，造成烃类的损失量往往较大。岩屑破碎程度高，比表面积大，具有较高温度的钻井液对岩屑表面的烃类清洗和冲刷作用强，烃类会有较多的损失。

四、人为因素

(1)分析时间的影响：取样分析时间和密封程度不同，烃损失程度不同。如果岩石样品分析不及时，会导致样品中烃类损失量增大。

(2)取样密度的影响：采样密度不够，分析结果代表性较差。

(3)岩屑样品清洗的影响：用高温或有油污的水、猛烈冲洗岩屑，容易导致岩屑中的烃类损失量增大。

(4)岩样挑选的影响：挑选的样品代表性差，挑选的样品重量不准，直接导致分析结果不准确。

(5)仪器操作条件的影响：仪器工作不稳定或出现故障，直接导致分析结果不准确。

第八章　轻烃录井

第一节　概　述

一、概念

(一)轻烃

轻烃是原油中碳数较小的烃类化合物，泛指原油中的汽油馏分，主要包括 C_1—C_9 烃类组分。轻烃在正常原油中占 20%~33%，其组成一般以正构烷烃和异构烷烃为主，含有较丰富的环烷烃，芳香烃的含量较少，如图 8-1 所示。

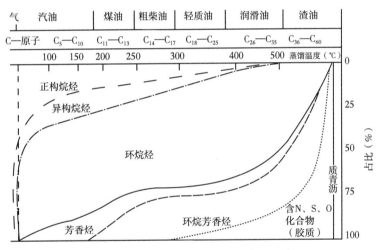

图 8-1　典型中性石油馏分和化合物组成

(二)轻烃录井

轻烃录井是应用气相色谱分析技术对岩石样品中的轻烃组分进行分析，并对储层含油气性进行评价的作业。轻烃分析方法可检测出原油中 C_9 以下的正构烷烃、异构烷烃、环烷烃、芳香烃共 103 个单体烃，如图 8-2 所示。该技术弥补了气体分析和热蒸发烃气相色谱分析的不足，利用轻烃中 C_5—C_7 组分在原油中的相对含量、溶解度、稳定性等参数，满足并解决复杂油气藏油气水精细评价问题。

二、轻烃分析技术原理

轻烃分析是把含油气岩石样品密封在样品瓶内，在适当加热的条件下让岩石中的轻烃挥发并聚集在容器的顶部空间内，取气体样品进行气相色谱分析。轻烃分析技术是将气相色谱分离分析方法与样品的预处理相结合的一种简便、快速的分析技术，将钻井取心或井壁取心、岩屑样品、钻井液样品、岩屑钻井液混合样装在一个密闭容器中，加热到 70℃，

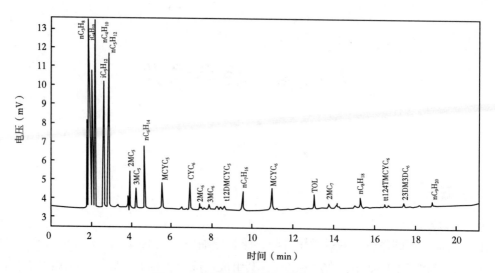

图 8-2　典型轻烃化合物的谱图特征

样品中的轻烃组分脱附和挥发，瓶内的挥发组分逐渐与样品瓶顶部空间气体之间达成气—液平衡状态，在平衡状态下，通过气相色谱法测定密封样品瓶中气体的组成和含量，来分析油气藏的性质和特征。轻烃分析流程如图 8-3 所示。

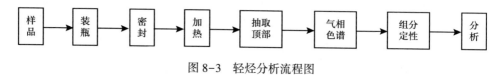

图 8-3　轻烃分析流程图

第二节　分析仪器

一、仪器与试剂

(一)分析仪器

(1)色谱柱：轻烃分析一般选用 PONA 聚合物多孔层毛细管色谱柱，柱长 50m，内径 0.20~0.25mm，膜厚 0.25~0.5μm。

(2)柱温设定：初温为 35~40℃，保持 10min，升温速率为 10℃/min，一阶温度 150℃，保持 5~10min。

(3)检测器温度设定：检测器恒温为 150℃。

(4)载气流量：80~100mL/min（不同仪器可能有所差异）。

(二)取样容器

(1)取样容器应使用密封、耐压、耐高温、耐腐蚀材质。

(2)钻井取心、井壁取心样品取样容器内容积大于 5mL，岩屑钻井液混合样、钻井液样品取样容器内容积大于 250mL。

(三)试剂

(1)氮气纯度不小于 99.9%。

(2)氢气纯度不小于 99.9%。

(3)空气应经干燥净化后方可使用。

二、技术要求

(一)技术指标要求

(1)组分检测范围为 C_1—nC_9。快速钻进时，允许分析到 nC_8。

(2)分离度应达到 $CH_4/C_2H_6=1$。

(3)应用分流/不分流毛细管进样口。

(4)分流比应为 $(30\sim150):1$。

(5)保留时间重现性应不大于 $0.5s$。

(6)检测器为 FID。

(7)柱箱温度稳定应达到 0.5%。

(8)程序升温重复性应达到 2%。

(9)基线噪声应不大于 $1\times10^{-12}A$。

(10)基线漂移 30min 应不大于 $1\times10^{-11}A$。

(11)检测限为 $5\times10^{-10}g/s$。

(12)定量重复性为 5%。

(13)定性准确率应不大于 98%。

(二)工作环境要求

(1)工作环境应无腐蚀性气体，无较强电磁场干扰，无强烈振动。

(2)环境温度应在 $10\sim30℃$ 之间。

(3)稳压电源续电时间大于 20min。

第三节　仪器校验

一、技术指标

(一)峰面积重复性要求

同一操作者按相同测试方法，同一标准样品三次以上平行分析，检测结果相对偏差小于 5%。

(二)保留时间重复性要求

同一操作者按相同测试方法，同一标准样品三次以上平行分析，同一组分保留时间的绝对偏差应小于 $0.5s$。

二、稳定性校验

(1)开机仪器温度应稳定达到分析要求后进行空白分析。

(2)空白分析：空白运行至无峰显示为止。

(3)基线漂移一个分析周期应小于 5%。

三、重复性校验

仪器重复性校验应由同一操作者按相同测试方法，进行三次以上平行分析相同剂量的标准样品，检测结果的相对偏差应小于5%。

相对偏差计算公式如下：

$$d = \frac{|X - A|}{A} \times 100\% \qquad (8-1)$$

式中：d 为相对偏差，%；X 为单次分析实测峰面积；A 为多次分析平均峰面积。

四、校验记录

(1)仪器校验谱图应标明分析日期、标样名称、仪器型号、操作者姓名。

(2)校验记录归档保存。

五、校验要求

(1)新仪器、仪器大修、仪器移动等投入使用前应校验。

(2)正常使用情况下，仪器应每年进行一次校验。

(3)调整仪器的分析参数、更换色谱柱后应校验。

(4)仪器出现明显偏差，误差大于5%应校验。

(5)保留时间偏差大于0.5s，应重作定性表。

第四节　资料采集

一、样品选取

(一)岩心样品

(1)岩心出筒清洁、劈心后，20min内选取有代表性、无污染的样品装入容器后密封。

(2)有油气显示的储层，每米岩心选取不少于3块样品，无油气显示岩心每米不少于1块样品。

(3)样品体积为取样容器内容积的1/2~2/3。

(二)井壁取心样品

(1)井壁取心出筒后，20min内选取有代表性、无污染的样品装入容器后密封。

(2)储集岩及含油显示的非储集岩井壁取心应逐颗取样。

(3)样品体积为取样容器内容积的1/2~2/3。

(三)岩屑样品

(1)岩屑样品应按迟到时间定点取样，样品为粘有钻井液的岩屑混合湿样，不挑样，不清洗。

(2)岩屑样品体积为取样容器内容积的2/3，样品装入容器后加饱和NaCl水溶液密封，取样容器顶部留有30~50mL的空间。

(四)钻井液样品

(1)钻井液样品应按迟到时间定点取样，样品内可包含一定量的岩屑。

(2)油气显示井段钻井液样品按录井取样要求取样，无油气显示井段按20~30m间距取样，样品选取后立即装入容器密封。

(3)样品体积为取样容器内容积的4/5。

（五）样品标识和封存

（1）取样容器应清晰标识井号、编号、井深、取样人，岩心应标明筒次及距顶位置。

（2）没有及时分析的样品应封好存放于阴凉处，防止阳光直照并远离热源，冬季需防冻。

（3）取样前要检查容器是否干净，样品装入容器后应保证密封质量，无漏水、漏气现象。

（六）取样记录

取样后，及时填写"轻烃录井取样记录"，见表8-1。

表8-1 轻烃录井取样记录

样品编号	井深	层位	岩性	样品类型	取样时间	选样人	备注

二、样品分析

（一）仪器准备

（1）仪器温度应稳定达到分析要求。

（2）仪器基线应稳定。

（二）样品加热

（1）样品加热温度设定为70℃。

（2）样品加热恒温时间不小于20min。

（三）气样分析

（1）注入分析气样不少于0.5mL。

（2）输入井号、序号、井深、样品类型、取样时间、分析时间、分析人等必要的信息参数。

（3）采集分析气样各组分的保留时间、峰面积等参数，并计算特征分析参数、C_1—C_9各烃组分的相对百分含量，按井深顺序填写"轻烃录井分析记录"。

（4）保存轻烃分析谱图。

三、分析参数

（一）主要分析参数

轻烃录井主要检测 C_1—C_9 中的烃类化合物峰面积及相对百分含量，轻烃分析可鉴定出的单体烃化合物，见表8-2。

表8-2 轻烃可鉴定单体烃化合物明细表

化合物／碳数	脂 肪 烃			芳香烃
	正构烷烃	异构烷烃	环烷烃	
C_1	甲烷			
C_2	乙烷			
C_3	丙烷			

化合物\碳数	脂 肪 烃			芳香烃
	正构烷烃	异构烷烃	环烷烃	
C₄	正丁烷	2-甲基丙烷		
C₅	正戊烷	2-甲基丁烷 2,2-二甲基丙烷(偕二甲基)	环戊烷	
C₆	正己烷	2-甲基戊烷 3-甲基戊烷 2,2-二甲基丁烷(偕二甲基) 2,3-二甲基丁烷	环己烷 甲基环己烷	苯
C₇	正庚烷	2-甲基己烷 3-甲基己烷 2,4-二甲基戊烷 2,3-二甲基戊烷 3-乙基戊烷 2,2-二甲基戊烷(偕二甲基) 3,3-二甲基戊烷(偕二甲基) 2,2,3-三甲基丁烷(偕二甲基)	甲基环己烷 1反3-二甲基环戊烷 1顺3-二甲基环戊烷 1反2-二甲基环戊烷 1,1-二甲基环戊烷(偕二甲基) 乙基环戊烷	甲苯
C₈	正辛烷	2-甲基庚烷 3-甲基庚烷 4-甲基庚烷 2,5-二甲基己烷 2,4-二甲基己烷 2,3-二甲基己烷 2-甲基3-乙基戊烷 2,2-二甲基己烷(偕二甲基) 3,3-二甲基己烷(偕二甲基) 2,2,4-三甲基己烷(偕二甲基)	1顺3-二甲基环己烷 1反4-二甲基环己烷 1反2二甲基环己烷 1反3二甲基环己烷 1顺2-二甲基环己烷 1,1-二甲基环己烷(偕二甲基) 乙基环己烷 1-甲基顺3-乙基环戊烷 1-甲基反3-乙基环戊烷 1-甲基反2-乙基环戊烷 三甲基环己烷(各构型的)	乙基苯 邻二甲苯 对二甲苯 间二甲苯
C₉	正壬烷	略	略	略

(二)定性分析

根据气相色谱分析谱图特征,参照标准谱图,对分析出的烃类组分进行区分、定名。定性分析样品时,按标准谱图模板的出峰顺序,把烃类组分的保留时间用紧靠它的前后两个正构烷烃作为参考峰来标定,该方法一般称为模拟保留指数法。保留指数是一种重现性和稳定性都较好的定性参数,保留指数表达色谱分离结果的主要优点是其只受色谱柱和柱温的影响,与具体的操作条件无关,这就保证了数据可以相互比较,具有灵活、方便、准确率高等特点。

(三)定量分析

轻烃分析可通过计算每个单体烃的峰面积或峰高，采用归一法进行定量分析。计算公式为：

$$C_i = \frac{A_i}{\sum\limits_{i=1}^{n} A_i} \times 100\% \qquad (8-2)$$

式中：C_i 为样品中组分 i 的百分含量，%；A_i 为样品中组分 i 的峰面积或峰高。

第五节　主要影响因素

轻烃分析对象为岩屑、钻井取心、井壁取心等，主要是检测储层的含油气信息。受储层类型、油气层类型、钻井复杂工况等因素的影响，会造成分析结果异常。

一、地质因素

(一)储层原油性质影响

原油性质不同，烃损失程度也不同。轻质油或凝析油由于轻组分高、挥发严重，储层样品损失最大，中质油次之，重质油损失量最小。如果样品放置时间过长或密封不严，会导致分析结果显示变差。

(二)储层物性影响

储层物性越好，烃类损失程度越大。疏松碎屑岩和以裂缝、孔洞为储集空间的碳酸盐岩、火山岩、变质岩等储集岩，会导致分析结果含油性变差。低孔低渗透储层，由于岩样中的油气向外逸散慢，烃类损失少，分析结果相对准确。

二、工程因素

(一)钻井液冲刷的影响

在随钻井液上返过程中，岩屑被冲刷、磨损甚至破碎严重，使储层中的烃类特别是轻烃部分被冲刷带走。井眼越深，井温越高，受钻井液冲刷时间越长，岩石样品中的油气损失也越大。

(二)钻头类型和钻井工艺的影响

钻头类型和新旧程度不同，破碎岩屑的形态和大小不同；由于岩屑颗粒小、比表面积大，岩石样品中的油气损失也越大。

三、样品因素

钻井取心样品除岩心表面烃类在钻井液的冲洗作用下有损失外，其岩心内部的烃类损失相对较小。井壁取心样品受钻井液滤液冲洗，造成烃类的损失量往往较大。岩屑破碎程度高，比表面积大，具有较高温度的钻井液对岩屑表面的烃类清洗和冲刷作用强，烃类会有较多的损失。

四、人为因素

(1)分析时间的影响：取样分析时间和密封程度不同，烃损失程度不同。如果岩石样品分析不及时，会导致样品中烃类损失量增大。

（2）取样密度的影响：采样密度不够，分析结果代表性较差。

（3）岩屑样品清洗的影响：用高温或有油污的水、猛烈冲洗岩屑，容易导致岩屑中的烃类损失量增大。

（4）岩样挑选的影响：挑选的样品代表性差，重量不准，直接导致分析结果不准确。

（5）仪器操作条件的影响：仪器工作不稳定或出现故障，直接导致分析结果不准确。

第九章 核磁共振录井

第一节 概　　述

一、概念

(一)原子核的特点

原子核由质子与中子构成，质子带电，中子不带电。原子核的基本特性包括所带的电荷和具有的质量，电荷决定于原子核中质子的数目，质量决定于原子核中的质子数与中子数之和。原子核可分为有自旋的原子核与无自旋的原子核。研究表明：所有含奇数个核子以及含偶数个核子但原子序数为奇数的原子核，都具有自旋现象。如 ^1H、^{19}F、^{31}P、^{23}Na、^{13}C 等为有自旋的原子核。有自旋的原子核自身不停地旋转，在外加磁场中，犹如一个旋转的陀螺，此类原子核是核磁共振研究的对象。当原子核置于外加恒定磁场 B_0 中时，原子核在 B_0 的作用下，自旋轴沿 B_0 方向排列，并有两种取向和能级：与 B_0 方向相同，处于高能级；与 B_0 方向相反，处于低能级。

(二)核磁共振现象

置于 B_0 中带有自旋的原子核，可以吸收某一特定频率的电磁波(光子)，发生能级跃迁，从较低的能级跃迁到较高的能级，这个改变能量状态的现象称为核磁共振。这一特定频率称为共振频率或拉莫(Larmor)频率，与 B_0 有关。置于 B_0 中的自旋原子核，处于高能级和低能级的数目不同，宏观上产生一个净磁化矢量，称为宏观磁化矢量 M。在一定条件下，处于高能级和低能级的原子核数达到平衡，宏观磁化矢量方向与 B_0 方向一致，原子核系统被极化。平衡时的宏观磁化矢量用 M_0 表示，也称初始磁化矢量。只有存在自旋的原子核，才能被看成"小磁棒"，在 B_0 作用下，才能被极化，产生宏观磁化矢量，发生核磁共振现象，所以"带有自旋的原子核才能发生核磁共振现象"。

(三)弛豫

置于 B_0 中的被极化核自旋系统，在频率等于拉莫频率脉冲交变磁场 B_1 作用下，自旋吸收能量，M 被扳转，偏离平衡位置，在 z 轴的分量小于 M_0，在 x—y 轴的分量 M_{xy} 不等于 0。B_1 结束后，自旋将逐步释放或交换能量，M_{xy} 逐渐消失，恢复到平衡状态。自旋系统的这一恢复过程，称为弛豫。油水中的氢核本身带正电并具有自旋性，每个氢核都具有一个磁场，这些磁场在自然状态下无序排列；当给氢核外加一个恒定静磁场后，氢核便按外加静磁场方向定向排列；当施加一个与静磁场成90°的脉冲后，氢核的磁场方向与静磁场呈90°偏转；当脉冲结束后，氢核又恢复到静磁场的定向排列状态，这一恢复过程叫弛豫。

(四)弛豫时间

弛豫的快慢也就是恢复过程的快慢，用弛豫时间表示。弛豫时间的大小取决于样品固体表面对流体分子的作用力强弱。这种作用力强弱的内在机制取决于三个方面：第一是岩样内的孔隙大小，第二是岩样内的固体表面性质，第三是岩样内饱和流体的流体性质。

(五) T_2 谱

在核磁共振实际测量中，获取的是不同孔隙流体衰减信号叠加而成的横向弛豫时间 T_2 衰减曲线，通过对 T_2 衰减曲线进行数学反演，可以得出不同孔隙流体所占份额的图谱，这就是 T_2 谱，如图9-1所示。

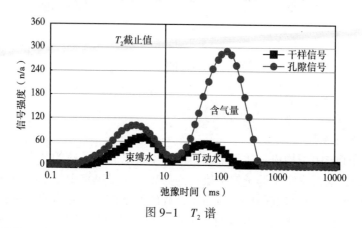

图9-1　T_2 谱

(六) 核磁共振录井

核磁共振录井是利用核磁共振技术检测岩石样品孔隙内的流体量、流体性质及流体与岩石固体表面之间的相互作用，定量评价储层物性的作业。该技术可以在现场快速获得岩石样品的储层孔隙度、渗透率、含油饱和度、可动流体饱和度、可动水饱和度、束缚水饱和度等物性和流体参数。核磁共振录井以钻井取心、井壁取心及颗粒较大的岩屑为分析对象，具有样品用量少、分析速度快、成本低、岩样无损、参数多、连续性强、可随钻分析等特点，将其分析结果与岩石热解、定量荧光等分析数据相结合，可以及时有效地对储层进行评价。

(七) 拟合度

用不同孔隙度的标准样品对核磁共振录井仪进行刻度，其归一化核磁共振信号及孔隙度的线性曲线与标准样品孔隙度数据曲线的吻合程度，称为拟合度。

二、技术原理

储层中原油、天然气和水中富含的氢原子核是核磁共振录井主要研究对象。宏观磁化矢量是一个可被仪器检测的物理量，与自旋数量成正比，也就是与样品中油、气、水的氢核含量成正比，这是核磁共振录井测量岩石样品中流体含量，得到孔隙度等参数的理论基础。

根据核磁共振原理，"淹没"在 B_0 中、被"极化"的核自旋系统，在垂直于 B_0 的方向再施加一个频率等于拉莫频率的 B_1，"照射"核自旋系统，系统将吸收 B_1 的能量，使宏观磁化矢量被"激发"，偏离 B_0 方向。偏离的角度 θ 称为宏观磁化矢量的扳转角。核磁共振录井仪器一般采用高功率（$25 \sim 1000\text{W}$）和短持续时间（$1 \sim 50\mu\text{s}$），B_1（又称脉冲磁场）激发宏观磁化矢量，因此也称为脉冲核磁共振。

在 B_0 的作用下，自旋系统被极化，达到平衡状态。施加 B_1 后，自旋核吸收能量，发生能级跃迁，宏观磁化矢量被扳转。当撤去 B_1 后，宏观磁化矢量的纵向分量 M_z 逐步增加，最后达到 $M_z = M_0$，核自旋系统恢复到施加 B_1 前的平衡状态，这一过程称为纵向弛豫。纵向弛豫实质上是自旋核与环境交换能量的过程。样品中自旋核并不是孤立的，它位于其他介质(晶格)之中,因此样品是由自旋核和晶格系统组成。B_1 结束后,核自旋系统逐步释放能量,转化为晶格系统热运动,原子核从高能级恢复到低能级,直到晶格系统不再接收原子核系统释放的能量,原子核系统和晶格系统达到热平衡状态,所以纵向弛豫又称为自旋晶格弛豫。

横向弛豫是自旋与自旋之间交换能量的过程,表征 M_{xy} 的变化规律。B_1 结束后,$M_{xy} \neq 0$,并绕 z 轴旋转。因为核自旋系统中各自旋核之间存在相互作用并交换能量,所以一些自旋核从其他自旋核获取能量,绕 z 轴旋转速度变快,而另一些则变慢,使自旋核在 x—y 平面上发生"相散",M_{xy} 随时间逐渐减少,最后达到 $M_{xy} = 0$,这一过程称为横向弛豫,又称自旋—自旋弛豫。对于横向弛豫,在核自旋系统中各自旋核相互交换能量,自旋核总数和系统中自旋总能量均未发生变化。表征横向弛豫快慢的时间常数称为横向弛豫时间。

岩石中流体的纵向弛豫时间 T_1、T_2 和流体本身的性质、流体与岩石孔隙表面相互作用等因素有关,包含着丰富的岩石物性与流体性质信息,架起了核磁共振与录井之间的桥梁,所以准确测量岩石中流体的弛豫时间是核磁共振录井的关键之一。

核磁共振录井测量岩样孔隙中流体的核磁共振信号,通过数学反演获得样品 T_2 谱;根据样品 T_2 谱的特征,分析岩石物性及其流体在岩石或地层中的赋存状态和性质等。岩石孔隙是由不同大小的孔道组成,对应的比表面各不相同,因此每种尺寸的孔隙有其自己的特征弛豫时间。

不同物质有着不同的弛豫时间。在储层流体中体弛豫、表面弛豫和扩散弛豫是同时存在的,但是处于孔隙中的流体,本身的体弛豫、扩散弛豫与岩石表面弛豫相比弱很多,在岩石核磁共振研究中可以忽略。因此,孔隙构成决定孔隙中流体的 T_2,通过弛豫时间的分布,能够确定孔隙大小的分布,并由此确定其他一些相关的岩石物理参数。当固体表面性质和流体性质相同或相似时,弛豫时间的差异主要反映岩样内孔隙大小的差异。因此,测到弛豫时间后,就可以对岩样内的孔隙大小、固体表面性质及流体性质等进行分析。在核磁共振实际测量过程中获取的多指数衰减曲线是由许多不同孔隙中流体信号的叠加而成的。

T_2 谱图的积分面积与不同流体的含量呈正相关。T_2 的大小反映流体受到固体表面作用力的强弱,隐含着孔隙大小、固体表面性质、流体性质及流体赋存状态(可动、束缚)等信息。

核磁共振技术能够测量岩样孔隙内的流体量,当岩样孔隙内充满流体时,流体体积与孔隙体积相等。因此,核磁共振技术通过测量岩样孔隙内的流体体积,即为岩样的孔隙体积,从而获得岩样的孔隙度,称为核磁共振孔隙度。

第二节　分析仪器

一、分析仪器

(一)主机及附属设备
(1)核磁共振分析仪。
①磁场强度 0.05~0.28T,磁场均匀度不低于 0.025%。
②回波时间不大于 0.6×10^{-3}s。

③仪器运行稳定后的磁体温度误差不超过 0.05℃。

(2)不间断电源：录井现场使用不间断电源，续电时间不小于 1 小时。

(3)电子天平：精度不低于 0.01g。

(4)真空样品饱和仪：真空饱和度-0.10MPa。

(5)真空泵：极限真空 10Pa。

(6)取样桶：使用密封、耐压、耐高温、耐腐蚀材质，内容积大于 5mL。

(二)仪器工作条件

1. 环境条件

(1)环境温度：16~25℃。

(2)仪器应远离热源，做到牢固、平稳，且与墙面的距离大于 0.1m，与磁性物质的距离大于 1m。

(3)无影响正常工作的机械振动和电磁场干扰。

2. 安全保护

仪器电路的相互绝缘及其对机壳的绝缘电阻应不小于 2MΩ，并装有漏电保护及接地装置。

二、材料试剂

(一)标准样品

为航空煤油与四氯化碳混合除氧后密封体，其孔隙度分别为 0.5%、1%、2%、3%、6%、9%、12%、15%、18%、21%、24%、27%。

(二)试剂

氯化钠(含量不小于 99.5%)、氯化钾(含量不小于 99.8%)、二氧化锰或氯化锰(含量不小于 99.0%)。

(三)保鲜膜

材质应为聚乙烯。

三、技术指标

核磁共振分析仪主要技术指标见表 9-1。

表 9-1　核磁共振分析仪主要技术指标

项目	指标
拟合度	≥0.9996
相对误差(%)	≤5

四、注意事项

(1)试管放入仪器磁体内时，避免试管与磁体内壁碰撞。

(2)禁止把物品放置于仪器上。

(3)核磁共振分析仪搬运时严禁倒置。

第三节 仪器校验

一、校验要求

（1）核磁共振分析仪校准周期为 1 年。

（2）核磁共振分析仪新购、大修、更换重要部件等投入使用前，以及使用中出现明显偏差，应对仪器进行线性度刻度。

（3）核磁共振分析仪每次安装后或连续运行 24 小时应进行重复性验证和期间核查。

（4）在相同环境条件下，同一检测人按照相同检测方法进行操作。

二、校验方法

（一）线性度刻度

1. 检测要求

使用包含 0.5%、27% 不少于 5 个孔隙度标准样品，依次置于仪器探头内，稳定 5s 后测量，刻度核磁共振分析仪，检测结果应满足表 9-1 的技术指标要求。

2. 拟合度计算方法

一般孔隙度拟合曲线横轴为标准样品的孔隙度，纵轴为标准样品的归一化核磁共振信号幅度。测量一组标准样品得到其信号幅度，根据已知孔隙度和体积，获得单位体积核磁共振信号幅度与孔隙度之间的刻度曲线，如图 9-2 所示。其计算公式为：

$$y = a + bx \tag{9-1}$$

式中：x 为孔隙度,%；y 为实测样品归一化核磁共振信号幅度；a 为拟合直线的起点值（截距）；b 为回归系数（斜率），即 x 每变动一个计量单位时 y 的平均变动值。

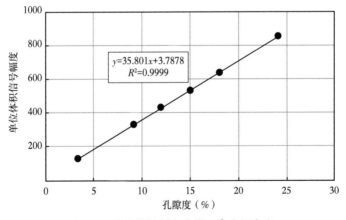

图 9-2　核磁共振刻度曲线（R^2 为拟合度）

（二）重复性验证

利用不少于两个孔隙度标准样品对核磁共振分析仪各检测 5 次，将标准样品依次置于仪器探头内，稳定 5s 后测量，检测得到孔隙度的相对误差，应满足表 9-1 技术指标要求。相对误差计算公式为：

$$\Delta\delta = \frac{|\phi_{si} - \phi_{bi}|}{\phi_{bi}} \times 100\% \tag{9-2}$$

式中：$\Delta\delta$ 为孔隙度相对误差，%；ϕ_{si} 为第 i 个标准样品的检测孔隙度，%；ϕ_{bi} 为第 i 个标准样品的孔隙度，%。

（三）期间核查

在每次核磁共振录井仪分析样品前，用不少于两个孔隙度标准样品对核磁共振分析仪器各检测 1 次，检测孔隙度的相对误差应满足表 9-1 技术指标要求。

三、校验结果

（一）校验记录

填写校验记录。

（二）校验报告

编写校验报告，校验报告至少包括以下信息。

（1）标题：校验报告。

（2）校验机构信息。

（3）报告的唯一性标识（如报告编号）。

（4）客户信息。

（5）校验日期。

（6）对校验所依据技术规范的标识，包括名称及代号。

（7）校验环境。

（8）校验结果。

（9）校验报告批准人的签名。

（10）校验结果仅对校验对象有效的声明。

（11）未经许可不得部分复制报告的声明。

第四节　资料采集

一、样品选取

（一）取样密度

（1）岩屑样：目的层储层应逐包取样；非目的层储层，单层厚度不大于 5m 的每层取 1 个样，大于 5m 的每 5m 取 1 个样，有油气显示的岩屑逐包取样。

（2）岩心样：储层每米岩心选样 2~3 块，含油气储层每米等间距选样加密到 8~10 块。

（3）井壁取心样：旋转式井壁取心的储集岩应逐颗取样。

（二）采样方法

（1）岩屑：岩屑清洗后，湿样条件下挑样，20min 内装入取样桶，所选样品应是具有地层代表性、储层原始孔隙结构、直径大于 2mm 的真岩屑，总体积以 10mm×10mm×30mm 为宜，标识清楚，在 48 小时内分析。

（2）钻井取心：岩心整理后 30min 内用取样工具取样，在未受钻井液侵染的岩心中心部位取样，大小以 25mm×25mm×30mm 为宜，用保鲜膜密封或蜡封，标识清楚，现场分析。

（3）井壁取心：在井壁岩心整理后 10min 内取样，大小以 25mm×25mm×30mm 为宜，用保鲜膜密封或蜡封，标识清楚，现场分析。

（4）样品选取要及时、有代表性，及时分析；不能及时分析的样品，要密封低温保存。

（三）样品包装和标识

样品装入取样桶后，缓慢倒入 NaCl 饱和盐水至样品顶面以上 2~3cm，并拧紧桶盖。取样桶应粘贴标签，标明井号、井段、层位、样品类型、采样人、采样日期及时间。

填写"核磁共振录井取样记录"，见表 9-2。

表 9-2　核磁共振录井取样记录

序号	井深（m）	岩性	样品类型	日期	取样人	备注

二、样品处理

（一）干样分析样品

样品分析前，除去录井现场取到的岩心样或井壁取心样表面水分，待分析。

（二）物性分析样品

物性分析前，应使用混合盐水（每升水中加入 10g NaCl 与 10g KCl 配成）对样品进行真空饱和，岩屑样品饱和时间不少于 0.5 小时，钻井取心和井壁取心样品饱和时间不少于 2 小时，再去除表面水分，待分析。

（三）含油分析样品

做含油分析前，应使用 Mn^{2+} 浓度为 15000mg/L 的 $MnCl_2$ 水溶液浸泡，浸泡时间应考虑地区及岩性，不少于 2 小时，再去除表面水分，待分析。

三、分析要求

（一）仪器准备

打开电源，仪器充分预热，仪器磁体温度稳定。

（二）系统参数设置

（1）核磁共振频率的偏移值不超过其额定频率的 2%。

（2）900 和 1800 脉冲宽度的测量信号幅度均达到最大。

（3）在信号不失真的条件下，仪器接收增益设到最大。

（4）其他特定参数保持仪器出厂设置。

（三）分析参数设置

采集参数应能最大限度地获取样品信息，满足录井解释和地质研究的需要，包括但不限于回波间隔、等待时间、采集回波个数、采集扫描个数。

四、样品检测

（1）将待测样品装入不含氢的非磁性容器（如玻璃试管）后，置于仪器探头内（样品高度不应超过磁体均匀区）。

（2）确认仪器当前参数准确无误后，开始进行样品分析。

五、采集参数

采集参数包括孔隙度、渗透率、含油饱和度、含水饱和度、可动流体饱和度、束缚流体饱和度和可动水饱和度。

（一）孔隙度

岩样孔隙空间体积与总体积的比值，称为岩石的孔隙度。

检测岩石样品，得到其核磁共振信号量，代入刻度关系式（9-1），即可计算得到该样品的核磁共振孔隙度。

（二）渗透率

对于岩石而言，其渗透率仅与岩石性质有关，与流体性质无关。从油层物理学分析，岩石中束缚水饱和度与岩石本身性质有关，岩石孔隙中无论充填什么流体，其束缚水饱和度是不变的。

核磁共振渗透率计算方法有多种模型，目前通用的核磁共振渗透率计算方法是利用饱和水岩样（或录井湿岩样）的核磁共振孔隙度和求得的束缚水饱和度，按下式计算核磁共振渗透率：

$$K = (\phi_{nmr}/C_{nl})^4 [(100\% - S_{wi})/S_{wi}]^2 \qquad (9-3)$$

式中：K 为核磁共振渗透率，mD；ϕ_{nmr} 为核磁共振孔隙度，%；C_{nl} 为由相应地区的岩样实验测量数据统计分析所得的模型参数；S_{wi} 为束缚水饱和度，%。

（三）含油饱和度

含油饱和度 S_o 是岩样中含油孔隙体积 V_o 与岩样总孔隙体积 V_p 之比，是评价油层的重要参数之一。

将岩样浸泡在 Mn^{2+} 浓度为 15000mg/L 的 $MnCl_2$ 水溶液中后，Mn^{2+} 会通过扩散作用进入岩样孔隙内的水相中。利用 Mn^{2+} 顺磁特性，使得水相的核磁共振信号被消除。对该状态下的岩样进行核磁共振测量，可测得岩样孔隙内的含油量。

（四）含水饱和度

含水饱和度是岩样中含水孔隙体积与岩样总孔隙体积之比。

核磁共振含水饱和度是岩样中含水的核磁共振信号与岩样盐水饱和后测量的核磁共振信号的百分比，即含油饱和度+含水饱和度=100%。

（五）可动（束缚）流体饱和度

可动（束缚）流体占孔隙总体积的比就是可动（束缚）流体饱和度，即可动流体饱和度+束缚流体饱和度=100%。

核磁共振弛豫时间小的部分代表小孔隙，时间大的部分代表大孔隙。当孔隙小到一定程度，孔隙中的流体被毛细管力所束缚无法流动。因此在核磁共振谱图上有一个界限，当孔隙流体的弛豫时间大于某一值时，流体为可动流体，反之为束缚流体。这个弛豫时间界限，称为 T_2 截止值，如图9-3所示。

（六）可动油（水）饱和度、束缚油（水）饱和度

可动油饱和度+可动水饱和度=可动流体饱和度

束缚油饱和度+束缚水饱和度=束缚流体饱和度

可动油饱和度+束缚油饱和度=含油饱和度

可动水饱和度+束缚水饱和度=含水饱和度

可动油（水）、束缚油（水）占孔隙总体积比就是可动油（水）、束缚油（水）饱和度，如图9-3所示。

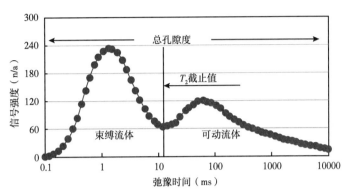

图9-3　可动流体饱和度与束缚流体饱和度

六、分析记录

生成核磁共振分析记录，保存 T_2 谱，如图9-4所示。

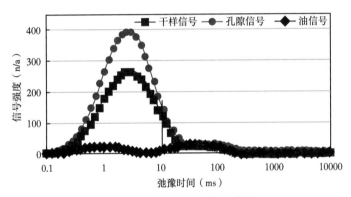

图9-4　核磁共振录井 T_2 谱图

第五节　主要影响因素

一、岩石胶结程度的影响

胶结疏松的砂岩，由于钻头的冲击、钻井液的浸泡冲刷，岩屑呈矿物或岩块颗粒状态，不能保留岩石的原始孔隙结构，无法进行核磁共振分析。胶结致密的砂岩岩屑能够保留岩石原始孔隙结构，可以进行核磁共振分析。

二、岩屑颗粒大小的影响

把岩心破碎为直径1.0mm、2.0mm、3.0mm、5.0mm的样品进行分析试验，测得的结果见表9-3。可以看出：岩屑颗粒的大小对核磁共振测量结果有影响，当岩屑直径为

1.0mm 时，测量结果与其他岩屑相差较大，所以一般要求岩屑样品直径不小于 2.0mm。

表 9-3　XX 井岩心样品孔隙度

样品直径	孔隙度（%）		
（mm）	样品 1	样品 2	样品 3
5.0	16.93	17.14	17.70
3.0	18.75	16.58	17.53
2.0	17.97	17.43	16.08
1.0	23.44	21.18	20.40

三、原油性质的影响

原油性质不同，其 T_2 谱图不同，因此每口井录井前，要用邻井原油和标准样品进行对比，根据对比数据给出不同地区、不同层位原油的修正系数。

四、环境温度的影响

磁体工作温度为 35℃，温度变化较大时，对磁体有影响，进而影响到仪器的稳定性，因此要求环境温度保持在 16~25℃ 范围内，仪器检测效果最好。

第十章　X射线衍射矿物录井

第一节　概　　述

一、X射线

X射线和可见光一样属于电磁波，X射线波长很短，介于紫外线和伽马射线之间。X射线的频率大约是可见光的103倍，其光子能量比可见光的光子能量大很多。X射线能穿透一定厚度的物质，并能使荧光物质发光、照相乳胶感光、气体电离。实际工作中X射线常被用作激发光，广泛用于医疗、矿产等行业。X射线可以人为产生，其产生必要条件为电子流、高压、真空室、靶面。

二、X射线衍射

(一)晶体的基本特点

晶体有别于非晶体物质，晶体的原子(基本结构单元)沿三维空间按一定规律呈周期性排列并具有对称性。

(二)X射线衍射原理

当一束X射线照射到晶体上时，被晶体中的原子所散射。可以把晶体中每个原子都看作一个新的散射波源，各自向空间发出与入射波同频率的电磁波。由于晶体是由原子规则排列成的，原子间的距离与入射X射线波长接近，由这些规则排列的原子散射的X射线相互干涉，使得空间某些方向上的波相互抵消，另一些方向上的波相互叠加发生衍射。衍射的结果是产生明暗相间的衍射花纹，代表着衍射方向(角度)和强度。衍射线在空间分布的方位和强度与晶体结构密切相关；晶体所产生的衍射图谱能反映出晶体内部原子的分布规律，根据衍射图可以确定晶体内部原子间的距离和排列方式，不同晶体对应各自的衍射图谱。

三、X射线衍射矿物录井

X射线衍射矿物录井是利用X射线衍射分析方法检测岩石样品中晶体矿物的组成和含量，通过对矿物组合特征分析辅助识别岩性、评价储层的作业，简称XRD录井。

任何结晶物质都有特定的化学组成和结构参数，其晶体晶格间距具有一定的特异性，因此其衍射图谱也不同。

实际测量中，辐射探测器每0.02°测量一次，并形成一个数据点。因此，每个检测样品的XRD原始分析数据中含有大量的数据信息，需要使用专用软件对这些数据信息解析后方可进行定性、定量解释，最终计算出岩石中各种矿物的含量(图10-1)。

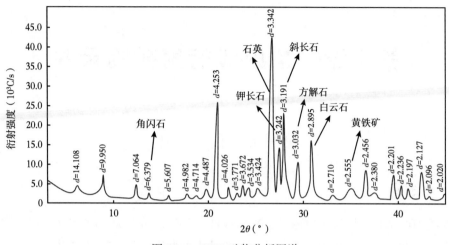

图 10-1 XRD 矿物分析图谱

第二节 分析仪器

一、技术指标

X 射线衍射分析仪器主要技术指标见表 10-1。

表 10-1 主要技术指标

项　目	指　标
衍射角分辨率（2θFWHM）（°）	≥0.25
衍射角度范围（2θ）（°）	5~55
能量分辨率（eV）	230
能量范围（keV）	2.5~25
X 射线光管电压（kV）	30
X 射线光管功率（W）	≥20

二、矿物检测范围

X 射线衍射矿物录井直接检测晶体矿物种类及含量，用差减法计算得到黏土矿物含量。可检出晶体矿物包括但不限于石英、钾长石、斜长石、方解石、铁方解石、白云石、铁白云石、石盐、硬石膏、石膏、刚玉、菱铁矿、钛铁矿、磁铁矿、黄铁矿、赤铁矿、针铁矿、菱镁矿、无水芒硝、钙芒硝、重晶石、方沸石、浊沸石、萤石、金红石、天青石、滑石、透辉石、绿辉石、铁钙辉石、黄玉、叶蜡石等。常见非黏土矿物特征峰参数见表10-2。

表 10-2　常见非黏土矿物特征峰参数

矿物名称	特征峰 d（A）	矿物名称	特征峰 d（A）
石英	4.26　3.34	浊沸石	9.45
钾长石	3.25　6.50　2.16　（Na，K长石）	方沸石	3.43
斜长石	3.20　4.04　6.40　（Na，Ca长石）	片沸石	9.0　（斜发沸石）
方解石	3.03~3.04　（高Mg方解石）	重晶石	3.44　3.58
白云石	2.88~2.91　（白云石类）	角闪石	8.45
文石	3.40	普通辉石	2.99
菱铁矿	2.79~2.80	石膏	7.61
菱镁矿	2.74	硬石膏	3.50
碳钠铝石	5.69	锐钛矿	3.52
石盐	2.82	方英石	4.05　（Opal-CT）
黄铁矿	2.71　3.13	鳞石英	4.11　（Opal-CT）
针铁矿	4.18	勃母石	6.11
赤铁矿	2.69	三水铝石	4.85
磁铁矿	2.53	硬水铝石	3.99

第三节　仪器校验

一、校验要求

（1）开机要求：仪器开机稳定时间不少于45min。

（2）标准样品分析要求：石英纯度不低于98%，粒径不大于150μm。出峰位置应与内置石英标线重合，峰强度不低于3500cps。

二、平行样分析

每分析20个样品应进行一组平行样分析，平行样分析结果的相对偏差应符合表10-3要求。若分析结果偏差超过分析精度要求，应分析引起数据偏差的原因，解决后重新分析本批次样品。

表 10-3　平行样分析误差表

矿物含量 a（%）	相对偏差（%）
≥40	<10
$20 \leq a < 40$	<20
$5 < a < 20$	<30
≤5	<40

第四节　资料采集

一、样品选取

(一)岩屑样品

结合钻时、气测等录井资料，选取清洗干净、具代表性的岩样，样品质量不小于3g。若岩屑样品代表性差，可筛选混合样。

(二)钻井取心样品

选取岩心中心部位，分析密度不小于0.50m；若钻井地质设计有特殊要求时，执行钻井地质设计。

(三)井壁取心样品

逐颗选样分析，剔除滤饼或在井壁取心中心位置取样。

二、样品制备

(一)干燥

潮湿的样品应置于电热干燥箱中或电热板上，在低于90℃的温度下烘干，冷却至室温后备用。

(二)研磨

将烘干后的样品置于研钵中研磨至粒径小于150μm，过100目标准筛备用。

三、样品检测处理

(1)打开X射线衍射分析仪电源开关，开机预热时间不少于45min。

(2)将制备样品放入样品池中，填装样品量应不大于样品池的2/3，不少于样品池的1/2。

(3)样品分析曝光次数应根据样品图谱形态进行调整，确定原则为X射线衍射图谱基线基本无杂峰。

(4)利用随机软件解析样品图谱，根据区域资料，剔除分析数据中的异常矿物，对特殊岩性样品要进行精细处理。

(5)数据处理结果填写"X射线衍射矿物录井分析数据表"。

第五节　主要影响因素

一、样品代表性

选取样品时要求尽量挑选真岩屑。如果分析样品是岩屑混合样，数据应用时要考虑正钻岩层、上覆岩层、掉块及钻井液添加剂等的影响。

二、仪器稳定性

现场环境如电压波动、强磁干扰、粉尘等会影响分析结果，仪器安装应尽量满足环境要求。

三、岩石成因

同一岩类矿物成分相似，但由于成因不同，依据矿物分析数据不能精准判断岩性，需要结合其他资料综合判别岩性。如同源的岩浆岩，如果在地下深处形成则为深层侵入岩，若在近地表形成则为浅层侵入岩，若在地表上形成则为喷出岩，若在近源沉积则为火山碎屑岩，若发生变质作用则为正变质岩，这五种不同的岩性在矿物成分上具有很强的相似性。

第十一章 X 射线荧光元素录井

第一节 概   述

一、概念

(一)X 射线荧光分析

X 射线荧光分析技术是利用 X 射线管发出 X 射线激发岩石样品，使样品产生具有辐射特征的荧光 X 射线，即二次 X 射线，根据荧光 X 射线的波长和强度对被测样品中的元素进行定性和定量分析。

(二)X 射线荧光元素录井

X 射线荧光元素录井是采用 X 射线荧光光谱分析方法，用 X 射线激发岩石样品，使岩样中不同元素产生不同的荧光光谱，检测岩样中化学元素的相对含量，通过对元素组合特征分析来间接识别岩性、划分地层和评价储层的作业。

二、分析原理

每一个稳定原子的核外电子都以特有的能量在各自的固定轨道上运行，当受到 X 射线的高能粒子束轰击时，内层电子将脱离原子核的束缚释放出来，导致该电子壳层出现相应电子空位。这时处于高能量电子壳层的电子会跃迁到低能量电子壳层来填补相应的空位，能量以二次 X 射线的形式释放出来。每种元素所释放出来的二次 X 射线具有特定的能量特性，具有物质的"指纹效应"，即 X 射线荧光元素谱图。

不同元素的荧光 X 射线具有各自的特定波长，根据荧光 X 射线的波长可以确定被测物品的元素组成；元素含量信息是由元素的特征 X 射线强度反映出来的，其单位为脉冲计数，元素的特征 X 射线强度与元素的含量呈亚相关关系，因此根据某一波长 X 射线强度通过数学运算及一定的校正方法即可获得该元素的质量分数数据。

三、岩石元素组成

(一)基础元素

Na、Mg、Al、Si、P、S、Cl、K、Ca、Ti、V、Cr、Mn、Fe 共 14 种构成岩石的主要造岩元素。

(二)主元素

在岩石构成中含量超过 1%的元素。

(三)全元素

元素周期表中原子序数 11~92 号中的全部元素。

(四)道值

元素波谱图的横坐标值，用来刻度元素波谱有效形态的起止位置。

（五）岩石的组成元素

地球的岩石主要是由基础元素组成的，14种主要造岩元素以阳离子形式存在，它们与氧结合形成的氧化物，是构成岩石的主体，因此称为造岩元素，也就是说这些元素普遍存在于各种类型的岩石中。这些元素在周期表中位于8~28号之间，相对来说，重元素和太轻的元素在地球中的含量较少。

在地球化学中，常把主元素以外的其他元素称为微量元素。微量元素虽然在岩石中含量占比很小，但在岩石类型划分上能起到重要的指向作用。

第二节　分析仪器

一、分析仪器

（1）主机：包括X射线荧光元素录井分析仪，目前现场多为能量色散型X射线荧光元素分析仪。

（2）附属设备：包括粉碎机、压样机、真空泵。

二、技术指标

（一）元素检测范围

X射线荧光元素分析仪的元素检测范围：全元素。

（二）分析仪主要技术指标

（1）基础元素最小检出量应满足表11-1要求。

表11-1　基础元素最小检出量

元素名称	最小检出量（%）
Na	1
Mg、Al、Si	0.1
P、S、Cl、K、Ca、Ti、V、Cr、Mn、Fe	0.001

（2）基础元素以外的其他元素最小检出量不大于0.01%。

（三）粉碎机

振动锤应采用耐磨的合金钢。

（四）压样机

模具应采用耐腐蚀的不锈钢，最大压力不小于15MPa。

（五）真空泵

抽气速率不小于0.5L/s，最大真空度不大于-0.09MPa。

第三节　仪器标定与校验

一、仪器标定

（一）道值标定

（1）标定前，仪器开机稳定时间不少于30min。

（2）用单元素标样 Fe 或 Ag 连续分析 5 次，进行道值标定。元素的起始道值和结束道值偏离应不大于 2 个道值，主峰道值偏离应不大于 1 个道值，脉冲计数相对误差应不大于 2%。

（3）填写"单元素标定记录表"，见表 11-2。

表 11-2　单元素标定记录表

元素名称		分析时间			分析日期	
检测项目	检测次数					结论
	1	2	3	4	5	
起始道值						
主峰道值						
结束道值						
脉冲计数						
设置管流						
设置管压						

分析人：　　　　　　　　　审核人：

（二）含量标定

（1）标定前，仪器开机稳定时间不少于 30min。

（2）用国家标准岩石样品进行元素含量标定，每种元素标定点数不少于 15 个，确定各种元素的标定曲线。

（3）完成标定曲线后，选取 3 个未参加标定的国家标准物质进行含量测量，检测含量与标准物质实际含量对比，主元素含量偏差小于 5%。

二、仪器校验

（一）重复性校验

同一样品在同一条件下连续 5 次测得的主元素含量值与 5 次测量的平均值的相对标准偏差应不大于 5%。

相对标准偏差计算公式为：

$$RSD = \sqrt{\frac{\sum_{i=1}^{n}(N_i - \overline{N})^2}{n-1}}/\overline{N} \times 100\% \tag{11-1}$$

式中：RSD 为 n 次测量的相对标准偏差，%；n 为测量次数；N_i 为第 i 次测量值；$\overline{N}$ 为 n 次测量的平均值。

（二）稳定性校验

同一样品每间隔 30min 测量一次，5 次测得的主元素含量与 5 次测量的主元素含量平均值的相对标准偏差应不大于 5%。

（三）准确性校验

选取 3 个未参加标定的国家标准岩石样品进行含量测量，检测含量与国家标准岩石样品实际含量对比，主元素含量相对偏差不大于 5%。

标准物质相对偏差计算公式：

$$\delta = |b - a|/a \times 100\% \qquad\qquad (11-2)$$

式中：δ 为元素含量相对偏差，%；a 为样品标准含量，%；b 为样品检测含量，%。

填写"元素准确性校验记录表"，见表 11-3。

表 11-3　元素准确性校验记录表

岩石样品名称		元素含量（%）									
		Na	Mg	Al	Si	K	Ca	Ti	Mn	Fe	…
	标样 1										
	检测值										
	偏差										
	标样 2										
	检测值										
	偏差										
	标样 3										
	检测值										
	偏差										
结论											

检测人：　　　　　　　　　　　　审核人：

三、标定与校验周期

（1）使用 1 年或主元素含量相对标准偏差大于 5% 时应对仪器进行标定。
（2）每次仪器重新安装后应进行重复性、稳定性、准确性校验。
（3）每次开机后应进行元素道值标定、准确性校验。
（4）仪器连续运行 10 天应进行重复性、稳定性校验。

四、注意事项

（1）主机内部有高压电源，工作时产生高达 40kV 的高压，需防止触电。
（2）X 射线管工作时产生辐射，操作人员必须严格按照正确的操作规程进行操作。
（3）样品检测完毕，检测腔体与外界气压平衡后方可打开检测腔更换样品。

第四节　资料采集

一、样品制作

（一）样品选取

（1）岩屑按录井间距或设计要求采样，样品采集后用磁铁将岩屑里的铁屑吸净，并用筛子过滤。钻井取心按 1 点/0.5m 取样，岩性变化边界或特殊需要可加密采样。
（2）样品以自然晾晒干燥为主，若采用烘箱干燥，烘箱温度应控制在 85℃ 以下。
（3）选取具有代表性的干样，质量不小于 10g，挑样困难时可选取混合样。

(二)样品粉碎

(1)粉碎机具每次使用前后都要清理干净。

(2)样品粉碎颗粒直径应不大于0.1mm，手捻没有颗粒感。

(三)样品压片

(1)压样机具每次使用前后都要清理干净。

(2)对岩样进行压片处理时，压力不小于10MPa。

(3)对不易压制成片的样品添加黏结剂，黏结剂成分(宜使用纤维素)应不含原子序数大于11号的元素，并注明黏结剂名称及样品号。

(4)压片表面要平整，无裂纹或破损，

二、样品分析

(1)把被测样品放到分析仪器内样品托盘上，大面朝上、小面坐在托盘上；用吸耳球把托盘和样品表面的浮尘吹掉后方可进行检测。

(2)样品分析前先抽真空，仪器检测腔体的真空度应不大于-0.09MPa。

(3)样品分析时间不低于60s。

(4)样品检测完毕，检测腔体与外界气压平衡后方可打开检测腔更换样品。

三、采集参数

(1)采集 Na、Mg、Al、Si、P、S、Cl、K、Ca、Ti、V、Cr、Mn、Fe、Ni、Cu、Zn、As、Rb、Sr、Y、Zr、Nb、Mo、Ag、Cd、In、Sn、W、Pb、Th、U、Ba、Ga 等元素的相对百分含量，按井深顺序形成"X射线荧光元素录井分析记录"。

(2)样品分析完，保存X射线荧光元素录井分析谱图。

四、资料处理

(一)建立元素特征库

在进入新的工区录井前，应收集各层位各岩性种类的岩心样进行元素分析，建立起各岩性的元素特征库，用以进行岩性判断对比分析。没有岩心样的可用岩屑样代替。

(二)岩性解释

根据施工区块钻遇地层元素特征，选择特征元素建立岩性解释标准，计算脆性指数，形成X射线元素解释成果表。

第五节　主要影响因素

一、样品代表性

如果分析样品是岩屑混合样，元素分析获得的元素数据包含正钻岩层信息、上覆岩层信息、掉块岩层信息，甚至包括钻井液信息、洗砂水信息、钻具材料信息，有时还有人为污染信息。

选取样品时要求挑选本层真岩屑，确保岩屑具有代表性。在利用元素分析资料进行岩性分层定名时，不但要考虑元素的绝对量信息，还要考虑元素的变化趋势信息；不但要考虑元素录井本身问题，还要考虑钻井条件和当时的井况信息。

二、数据多解性

不同岩类具有不同的化学成分特点构成了元素录井岩性识别乃至地层分析的基础。岩浆岩按照 SiO_2 的含量可分为超基性岩、基性岩、中性岩和酸性岩；沉积岩主要分为碎屑岩、泥质岩和碳酸盐岩；变质岩分为正变质岩和负变质岩，其化学成分特点分别与其原岩相近。

不同的岩石类型，可能在化学成分上近似，如变质岩中大理岩、沉积岩中石灰岩的主要成分都是 $CaCO_3$。同一沉积盆地，因不同的酸碱度、氧化还原条件等，也会造成沉积岩化学成分迥异。

同源的岩浆，由于侵入地下、地表的位置不同，分别形成深层侵入岩、浅层侵入岩和喷出岩，若在近源沉积为火山碎屑岩，若发生变质作用为正变质岩，然而这五种不同的岩性在化学成分上具有很强的相似性。元素录井只提供了化学成分信息，而没有岩石结构、构造信息，对于元素特征相近的不同岩性难以准确区分，所以单凭一项元素数据无法准确识别岩性。岩性解释时需要结合区域地层岩性特征综合考虑，元素数据结合地质观察结果实现岩石的定名。

三、标定样品选择

选择不同标定样品会对分析数据产生影响。根据每口井目的层岩性组合不一样，要选择最合适的标准样品进行标定，针对多目的层、多岩性组合类型的剖面应分井段进行针对性标定。

四、压片形状

压片表面不平整，有裂纹或破损，会造成分析数据失真。

五、环境要求

(1)仪器应水平放置，散热部位距离地质房墙体大于10cm，设备管线等连接完好。
(2)仪器房电压、温度、湿度要求：
工作电压220VAC±11.0VAC，频率50Hz±2.5Hz。
环境温度15.0~35.0℃，相对湿度15.0%~75.0%。
(3)工作环境电磁干扰应不大于1T。

第十二章 自然伽马能谱录井

第一节 概 述

一、自然伽马能谱

(一)放射性元素

岩石中含有天然的放射性元素，使岩石有天然放射性。这些放射性元素主要包括铀(U)系、钍(Th)系的核素和钾(K)的放射性同位素。

(二)岩石的放射性

1. 沉积岩类

一般情况下，沉积岩的放射性主要取决于岩石的泥质含量。这是由于泥质颗粒细，具有较大的比表面，使得它吸附放射性元素的能力较大，并且因为沉积时间长，吸附的放射性物质多，有充分时间使放射性元素从溶液中分离出来并与泥质颗粒一起沉积下来。各类沉积岩放射性强弱对比情况如下：

(1)放射性物质含量最少的岩石为硬石膏、石膏、不含钾盐的盐岩、煤和沥青。它们的放射性浓度小于 $2×10^{-12}$ g(镭当量)/g。

(2)放射性物质含量较低的岩石有砂岩、石灰岩和白云岩，其浓度为 $2×10^{-12}$ ~ $8×10^{-12}$ g(镭当量)/g。

(3)放射性物质含量中等的岩石有陆相和浅水环境沉积的泥岩及含泥较多的碳酸盐岩等，其浓度为 $10×10^{-12}$ ~ $20×10^{-12}$ g(镭当量)/g。

(4)放射性物质含量较高的岩石有钾岩、深水泥岩，其浓度为 $20×10^{-12}$ ~ $80×10^{-12}$ g(镭当量)/g。

(5)放射性物质含量最高的岩石如膨润土岩、放射性软泥等，浓度在 $80×10^{-12}$ g(镭当量)/g 以上。

2. 岩浆岩类

岩浆岩的放射性主要取决于岩石中矿物和元素的种类与含量。一般情况下，酸性岩类放射性最强，中性岩类放射性中等，基性岩类放射性弱，超基性岩类放射性最弱。另外，同类型的岩浆岩，晚期相比早期相的放射性高一些。

火山碎屑岩类与岩浆岩类一样，其放射性强弱取决于岩浆的种类。

3. 变质岩类

变质岩类的放射性强弱取决于变质前原岩的种类，低级变质过程形成的弱变质岩比高级变质过程形成的强变质岩的放射性强一些。

（三）自然伽马能谱

自然伽马能谱主要指被测量岩石中含有的铀系、钍系的核素和钾的放射性同位素自然衰变时发射伽马射线的强度混合谱。每种放射性同位素具有自身特有的衰变方式并放出能量不同的射线，不同岩石所含的放射性元素的种类和含量是不同的，不同岩石中铀系、钍系和钾的伽马射线的能量和强度也不同。

二、自然伽马能谱录井

（一）定义

自然伽马能谱录井是使用自然伽马能谱分析方法，随钻对岩石样品自然伽马射线的能量和强度进行分析，确定岩石样品中铀、钍和钾三种放射性核素的含量及其分布情况，辅助识别岩性和评价地层的作业。

（二）工作原理

由于岩石的自然伽马射线主要是由铀系、钍系中的放射性核素和 ^{40}K 产生的。铀系和钍系所发射的伽马射线是由许多种核素共同发射伽马射线的总和，但每种核素所发射伽马射线的能量和强度不同，因而伽马射线的能量分布是复杂的。根据实验室对 U、Th、K 放射伽马射线能量的测定，发现 ^{40}K 放射的单色伽马射线能量为 1.46MeV。U 系、Th 系及其衰变物放射的是多能谱伽马射线，在放射性平衡状态下系内核素的原子核数的比例关系是确定的，因此不同能量伽马射线的相对强度也是确定的，可以分别在这两个系中选出某种核素的特征核素伽马射线的能量来分别识别铀和钍。这种被选定的核素称为特征核素，它发射的伽马射线的能量称为特征能量。在自然伽马能谱录井中，通常选用铀系中的 ^{214}Bi 发射的 1.76MeV 伽马射线来识别铀，选用钍系中的 ^{208}Tl 发射的 2.62MeV 伽马射线来识别钍，用 1.46MeV 的伽马射线来识别钾。

在伽马射线激发下，探头接收岩石样品伽马射线，从光电倍增管的阳极输出电脉冲，完成核脉冲信号的数字化，通过放大器后由多道分析仪完成信号采样与模数转换，拟合出峰值，电脑软件分析数据得出结果并记录检测到的伽马射线的能量和强度。用横坐标表示伽马射线的能量，纵坐标表示相应能量伽马射线的强度。把这些粒子发射伽马射线的能量画在坐标系中，就得到了伽马射线的能量和强度关系图，即自然伽马能谱图，如图 12-1所示。

三、相关概念

（1）能量分辨率：对于某一给定的能量，自然伽马能谱分析仪能分辨的两个粒子能量之间的最小相对差值。

（2）总计数率：对能窗范围之内所有计数率的累加。

（3）总剂量率：单位时间内接收辐射的总剂量。

（4）本底：非起因于待测物理量的信号。

（5）仪器本底：仪器在正常工作条件下，样品盘中无放射源时仪器的指示值。

（6）本底计数：在没有被测样品的条件下，测量装置的固有计数。

（7）本底计数率：在同一环境下，除岩样的放射性外，其他因素引起的计数率。

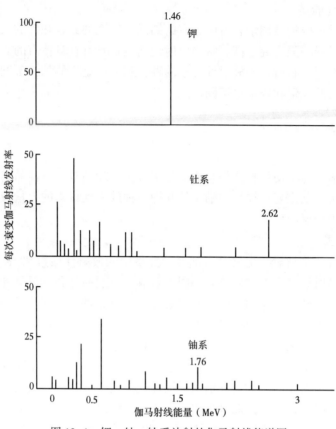

图 12-1 钾、钍、铀系放射的伽马射线能谱图

第二节 分析仪器

一、仪器简介

（1）自然伽马能谱分析仪由主机、探头、铅室（屏蔽室）和计算机组成。

（2）仪器主要分析参数见表12-1。

表 12-1 自然伽马能谱分析仪主要参数表

参数名称	符号	单位	备注
铀含量	U	μg/g	保留2位小数
钍含量	Th	μg/g	保留2位小数
钾含量	K	%	保留2位小数
总计数率	LGR	cps	保留2位小数
总剂量率	TDR	nGy/h	保留2位小数

（3）注意事项：仪器安装、开机、关机、标定、校验、检测样品应严格按使用说明书操作。

二、技术指标

(一)自然伽马能谱分析仪

(1)探测器(探头):能量分辨率≤7%(^{137}Cs)。

(2)屏蔽室(铅室):屏蔽室厚度不低于等效铅当量厚度100mm,内壁距晶体表面距离大于130mm。

(3)脉冲幅度分析器:自然伽马能谱的道数不少于2048道。

(4)重复性(相对误差):铀<10.0%,钍<10.0%,钾<5.0%。

(5)稳定性(相对误差):铀<7.0%,钍<7.0%,钾<2.0%。

(6)峰位漂移:24小时测试,≤0.5%。

(二)标准物质

铀、钍、钾国家标准物质各一套。

(三)电子天平

电子天平感量应不大于0.1g。

(四)样品盒

圆柱阱形,天然放射性核素活度低于1Bq。

(五)校准样品

至少含两种核素,峰值明显。

(六)工作条件

(1)工作环境:无强电磁场干扰,无强烈振动。

(2)绝缘和漏电保护:整机供电电路对外壳绝缘和相互绝缘均应不低于2MΩ。

第三节 仪器标定与校验

一、仪器标定

(一)空白标定

每次开机仪器稳定后,应进行空白标定,屏蔽室不放任何样品测量1小时后保存本底谱线。

(二)峰位标定

每次开机后应进行标准样品标定。将标准样品放入屏蔽室,测量15min后自动完成谱峰峰位校准。如果峰位漂移超过校准范围,则在谱线中分别找到K和U的峰位,输入K峰和U峰的道值,完成峰位校准。

(三)标准样品标定

在屏蔽室中分别放入铀、钍、钾标准样品进行测量,测量1小时后保存标准样品谱线。

(四)标定要求

(1)每口井测量前标定一次。

(2)仪器的技术参数被重新调整后应进行标定。

(3)仪器运行过程中,每12小时应进行至少一次峰位标定。

二、仪器校验

(一)重复性校验

在相同环境条件下，按相同检测方法，选取铀、钍、钾各一个标准样品，测量时间5min，对仪器各检测5次，计算的测量相对误差应满足仪器技术指标的要求。计算公式如下：

$$\Delta\delta = \frac{|a_{si} - b_{bi}|}{b_{bi}} \times 100\% \qquad (12\text{-}1)$$

式中：$\Delta\delta$ 为相对误差，%；a_{si} 为第 i 个标样的检测值；铀、钍单位为 $\mu g/g$，钾单位为%；b_{bi} 为第 i 个标样的标准值；铀、钍单位为 $\mu g/g$，钾单位为%。

(二)稳定性校验

选取铀、钍、钾各一个标准样品，每间隔30min测量一次，每次测量1小时，各测量5次，计算的测量相对误差，应满足仪器技术指标的要求。

(三)校验要求

(1)每次仪器重新安装后应进行重复性、稳定性校验。

(2)仪器正常运行时，每12小时进行一次重复性、稳定性校验。

第四节　资料采集

一、样品选取

选取具代表性的干燥岩样500g，样品不足时应进行质量校正。

二、样品分析

(一)仪器预热

开机后让仪器运行一段时间进入稳定状态。

(二)样品分析

(1)将备好的样品装入样品盒压实，尽量使样品表面平整，加上盒盖密封，放入屏蔽室后开始分析，样品分析时间不少于300s。

(2)分析结束后保存分析谱线。

(3)采集参数主要包括铀含量、钍含量、钾含量、总计数率（LGR）、总伽马剂量率（TDR），按井深顺序生成"自然伽马能谱录井分析记录"。

三、计算参数

(一)计算泥质含量

(1)利用所测得的总计数率或钍含量、钾含量，求地层泥质含量，计算公式如下：

$$I_{LGR} = (LGR - LGR_{min}) / (LGR_{max} - LGR_{min}) \qquad (12\text{-}2)$$

$$V_{LGR} = (2^{G \cdot I_{LGR}} - 1) / (2^G - 1) \qquad (12\text{-}3)$$

式中：I_{LGR} 为用总计数率求出的泥质含量指数，变化范围为 0~1；LGR 为目的层总计数率，cps，保留 2 位小数；LGR_{max} 为纯泥岩层计数率，cps，保留 2 位小数；LGR_{min} 为纯砂岩层计数率，cps，保留 2 位小数；V_{LGR} 为用总计数率求得的泥质体积含量,%；G 为 Hilchie 指数，是与地质年代有关的经验系数，根据实验室取心资料确定。

（2）利用钍含量求泥质体积含量，计算公式如下：

$$I_{Th} = (C_{Th} - C_{Thmin}) / (C_{Thmax} - C_{Thmin}) \tag{12-4}$$

$$V_{Th} = (2^{GI_{Th}} - 1) / (2^G - 1) \tag{12-5}$$

（3）利用钾含量求泥质体积含量，计算公式如下：

$$I_K = (C_K - C_{Kmin}) / (C_{Kmax} - C_{Kmin}) \tag{12-6}$$

$$V_K = (2^{GI_K} - 1) / (2^G - 1) \tag{12-7}$$

式中：I_{Th} 和 I_K 分别为用钍含量和钾含量求得的泥质含量指数，变化范围为 0~1；C_{Th} 和 C_K 分别为钍含量和钾含量；下角 min 和 max 分别表示纯地层和泥岩的最小值与最大值；V_{Th} 和 V_K 分别用钍含量和钾含量求得的泥质体积含量,%。

（二）计算地层有机碳含量

利用自然伽马能谱录井所测得的铀含量与岩心实验分析的有机碳含量建立区域相关模型，计算地层有机碳含量：

$$TOC = aU^2 + bU + c \tag{12-8}$$

式中：TOC 为有机碳含量,%，保留 1 位小数；U 为铀含量，μg/g，保留 2 位小数；a、b、c 为区域常数，通过岩心或岩屑实验分析化验的 TOC 与伽马能谱录井 U 值线性回归求得。

第五节　主要影响因素

一、岩样采集与挑选

自然伽马能谱录井分析对象为岩样，分析精度高，用样量较多，若为岩屑样品，其真实性、代表性会直接影响检测结果的准确性。要求选取的岩屑样品代表性强。

二、样品分析过程

在样品分析过程中，受操作人员熟练程度差，不按操作规程操作和工作环境、设备稳定性差等因素的影响，导致检测结果不准确。

三、钻井液添加剂

若钻井液中加入氯化钾或其他含有放射性的物质，会使检测结果受到干扰。

第十三章 岩屑成像录井

第一节 概 述

一、岩屑图像采集

岩屑图像采集技术是借助岩石多焦成像分析仪及其分析系统，实现录井岩屑的数字化采集、处理与分析的录井技术。随着岩屑图像采集技术的发展，将数字图像技术、岩屑图像处理技术和图像分析技术应用于录井现场，通过岩屑数字图像的放大、灵活采集、处理和识别分析，实现了岩屑岩性、含油气识别分析的定量化、智能化，应用录井综合解释软件及录井信息平台，实现了岩屑的图形化、数字化、可视化、半自动化解释。

二、岩屑成像录井

岩屑成像录井是利用数字成像技术随钻采集岩屑图像，进行图像处理和定量化分析，将图像信息及时传回基地，基地专家对录井现场进行远程地质协助的作业。岩屑成像录井系统由现场岩屑图像采集、数据实时远程传输、基地图像自动接收、图像资料浏览监测四个分系统组成。主要解决岩屑实物图像资料的高清图像采集，岩屑白光、荧光、点滴试验三种图像资料的实时传输，为基地专家分析决策提供翔实、图文并茂的资料，提高岩屑录井资料的分析和应用水平，达到远程地质协助目的，在一定程度上解决了现场观察岩屑、识别岩性困难、荧光含量识别不能定量化的问题。岩屑实物和相关地质资料信息的电子化永久性保存，为实现油田数字化勘探开发提供了更广泛的应用基础。

第二节 分析仪器

一、仪器简介

岩石多焦成像分析仪采用高分辨率摄像头和变焦镜头进行岩屑成像采集，将样品放大14~200倍显示，准确地进行样品的定性分析，避免由于视觉误差产生的不确定性；系统图像采集采用暗室成像，避免阳光、灯光对成像的干扰，图片成像具有一致性，确保图像分析的可靠性。岩屑图像采集仪具有白光、荧光两种图像采集模式，便于两种图像对比；可对岩石样品进行多焦成像，既可以满足对样品的大视域观察要求，又可以对局部进行显微放大观察。系统成像像素高，图片清晰度高，方便录井技术人员从不同角度对岩石样品进行系统分析。

提供岩屑荧光面积计算，为油气显示资料提供可靠数字量化依据；可将图像存储、存档，便于远程传输进行综合分析，为地质录井提供准确资料保障。根据用户需要可通过通信网络实现数据远程传输。提供图像回放功能，可将同一区段的白光、荧光图片进行回放，便于对岩性的分析与比较，更准确地确定岩屑的岩性、含油性。

二、技术指标

(1)图像分辨率不小于300万像素。

(2)放大倍数不小于7倍。

(3)有效视域不小于5000mm^2。

三、工作条件

工作环境条件：防尘，避免阳光直射，水平摆放，荧光校正在暗室进行。

第三节　资料采集

一、采集项目

(一)白光图像

采集岩石主色、主色含量，岩屑白光图像如图13-1所示。

图13-1　岩屑白光图像

(二)荧光图像

采集荧光颜色、荧光面积，岩屑荧光图像如图13-2所示。

图13-2　岩屑荧光图像

二、采集要求

(一)样品要求

(1)取清洗干净、具代表性的干燥岩屑,重量应不小于70g。

(2)岩屑样品放置在专用砂岩盘(6cm×8cm)中,均匀摊开、铺平。

(二)仪器准备

(1)开机预热至仪器稳定。

(2)分别调整白光、荧光RGB,与标准色板颜色相同。

(3)设置白光拍照时图像的曝光强度、荧光拍照时图像的曝光强度。

(4)焦距调节,调节相机和岩屑之间的焦距。

(三)采集图像

(1)将岩屑样品放于仪器内工作台上,点击预览按钮,调节好仪器视域。

(2)选中同时切换参数和同时调节焦距,打开白灯按钮,待图像清晰后,点击拍摄按钮,完成白光图像拍摄。

(3)点击保存图像按钮,确认保存路径及文件名,完成白光图像的保存。

(4)点击打开荧光按钮,待调节好焦距使图像清晰后,点击拍摄按钮,完成荧光图像拍摄。

(5)点击保存图像按钮,确认保存路径及文件名,完成荧光图像的保存。

(6)保存文件名,按井号+样品深度+采集方式命名。

(四)采集要求

同一样品在同等状态下进行岩屑白光图像、荧光图像采集后,分别进行白光图像、荧光图像分析,按井深顺序记录岩性、岩石主色、主色含量、荧光颜色、荧光面积等技术参数。生成"岩屑白光图像分析统计表""岩屑荧光图像分析统计表",见表13-1。

表13-1 岩屑图像分析统计表

序号	井深(m)	层位	岩性	荧光颜色	荧光面积(%)	荧光占砂岩(%)	操作员
12	4872	孔二段	黑色泥岩	暗黄色	0.3	0.7	
13	4874	孔二段	黑色泥岩	暗黄色	0.2	0.5	
14	4876	孔二段	黑色泥岩	暗黄色	0.1	0.2	
15	4878	孔二段	黑色泥岩	无	0	0	
16	4880	孔二段	黑色泥岩	暗黄色	0.1	0.2	
17	4882	孔二段	黑色泥岩	暗黄色	0.1	0.2	
18	4884	孔二段	黑色泥岩	无	0	0	
19	4886	孔二段	黑色泥岩	无	0	0	
20	4888	孔二段	黑色泥岩	无	0	0	
21	4890	孔二段	黑色泥岩	暗黄色	0.1	0.2	
22	4892	孔二段	黑色泥岩	无	0	0	

三、上交资料

上交的岩屑白光图像、岩屑荧光图像和岩屑白光图像分析统计表、岩屑荧光图像分析统计表等所有资料均为电子版。

第十四章　岩心扫描录井

第一节　概　述

一、岩心扫描

岩心扫描技术利用高分辨率图像采集仪自动对岩心图像进行采集、处理,实现实物资料的数字化。扫描方式分为滚动和平移两种,其中岩心外表面图像采集采用滚动扫描的方式,岩心横截面图像采集采用平移扫描的方式。岩心扫描图像采集流程如图14-1所示。

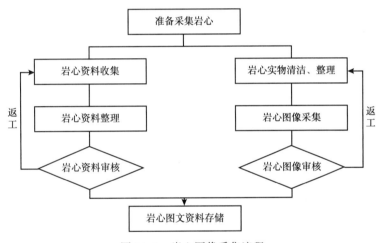

图 14-1　岩心图像采集流程

二、岩心扫描成像信息系统

利用岩心扫描技术获取岩心图像资料,主要是岩心的外表面、纵切面和横截面图像,综合钻井、测井、录井等各项资料可形成图文并茂的岩心图像综合图。岩心扫描成像信息管理系统是以岩心扫描成像为核心的软硬件一体化网络信息系统,以通过图像分析提供相应地质分析资料为宗旨,将在白光、荧光下扫描采集的岩心图像进行沉积层理、粒度、裂缝、孔洞、荧光含量等定量分析,并通过网络实现图文资料共享。

三、岩心扫描录井

岩心扫描录井是利用岩心扫描技术采集岩心图像资料,并通过岩心扫描成像信息管理系统进行发布,实现岩心数字化图像资料共享的作业。

第二节 扫描仪器

一、技术原理

(一)采集原理

高分辨率图像采集仪采集的高清晰度岩心图像包括规则柱状岩心的外表面图像数据、剖开面图像数据、不规则或破碎岩心的平面图像数据。垂直方向的图像分辨率取决于步进电机的运动速度及精度,水平方向的图像分辨率取决于摄像头的精度(单通道 CCD Sensor 的数量)。采集视域的大小取决于摄像头的精度及其采集分辨率(DPI)。

(二)采集控制

采用先进控制技术,控制步进电机的精确定位及高分辨率摄像头行程的精细控制,实现岩心图像的自动化采集。

(三)白平衡校正

结合摄像头自校正技术,进行白平衡自动校正,保证采集图像左右一致性好,抗外界光源影响效果更理想。利用专用校正色卡,软件可以智能调节 RGB 参数。

(四)色彩校正

采用专利技术进行图像色彩自动校正,使采集的岩心图像颜色逼真、质量高。

(五)焦距调节

利用焦距自动调节技术,根据岩心直径进行自动测距、调焦,测距误差在 1mm 以内。

二、技术指标

(1)图像分辨率不小于 150dpi。
(2)颜色质量不小于 24 位真彩色。
(3)圆周成像:直径 20~180mm,长度 0~1200mm。
(4)平面成像:宽度 20~300mm,长度 0~1200mm。

三、工作条件

防尘,避免阳光直射,水平摆放,荧光校正在暗室进行。

第三节 资料采集

一、扫描准备

(一)资料收集

收集岩心描述记录、岩心入库清单、钻井取心录井图(比例尺 1∶100)。

(二)岩心整理

岩心的各种标识(标记、标签)应齐全、准确、字迹清晰。扫描前根据岩心描述资料对岩心的井段、长度和顺序进行核对、整理。

(三)样品要求

1. 钻井取心

(1)扫描前对岩心表面进行清洁处理,岩心表面应清洁、干燥。

（2）将岩心按断面拼接，岩心缺失部位应放置相应长度的标记物，并做好标识。破碎轻微的，根据碎裂岩心的断口形态进行拼接，恢复岩心原始状态；破碎严重的，将碎裂岩心按描述长度堆放在相应位置。

（3）将岩心按由浅至深的顺序摆放在岩心扫描仪托盘内或支架上。破碎岩心的横断面应垂直岩心轴向；岩心全直径取样位置应留出相应长度，并用标记物做好标识，确保岩心总长度和位置准确。

2. 井壁取心

（1）岩心表面应清洁、干燥。

（2）岩心直径应不小于 20mm，长度不小于 25mm。

二、图像采集

（1）开机预热时间不少于 15min。联动测试计算机和岩心图像扫描采集仪。检查计算机数据储存空间，磁盘剩余容量不小于 5GB。

（2）根据图像扫描方式，调节仪器的清晰度、色彩和亮度参数，与校正色卡颜色相同，保证岩心扫描图像清晰。

（3）准备刻度标尺，同批次岩心采集的起始定位线应一致。

（4）调节岩心表面距扫描头的高度应符合仪器规定的技术要求，岩心顶端与岩心扫描图像采集仪镜头初始位置一致。

（5）采集岩心"WBM（外表面）""ZQM（纵切面）""HDM（横断面）"的图像，填写"岩心白光图像采集记录""岩心荧光图像采集记录"。

三、采集项目

（一）采集图像

（1）钻井取心扫描：平面、断面和圆周扫描图像。

（2）钻进式井壁取心扫描：平面、圆周扫描图像。

（3）输出原始图像比例尺为 1:1，存储格式为"＊.jpg"或"＊.bmp"。

（二）质量要求

采集的图像应画面清晰、影调均衡、色彩饱和、无几何变形、无拼接痕迹。

第四节　资料处理

一、钻井取心

（1）收集并导入岩心原始资料，并按相应标准格式编辑处理。

（2）岩心图像编辑处理、入库，对岩心扫描图像进行裁剪、拼接。图像拼接时，应对接基准线。

（3）岩心图像分析：对裂缝、孔洞发育情况进行分析。

二、井壁岩心

（1）收集并导入岩心原始资料，并按相应标准格式编辑处理。

（2）岩心图像编辑处理、入库。

第十五章 特殊工艺录井

在油田勘探开发生产过程中，为提高钻井效率和油气采收率，经常采用油基钻井液钻井、欠平衡钻井、泡沫钻井、气体钻井及水平井钻井工艺，这些特殊钻井工艺应用使录井作业环境发生很大变化，需要改进录井作业方法，以解决特殊钻井工艺对录井工作造成的影响。

第一节 油基钻井液录井

一、概述

油基钻井液指以油作为连续相的钻井液，基本组成是油、水、有机土和油溶性化学处理剂。配制油基钻井液所用的基础油以白油、柴油为主，与水基钻井液相比，油基钻井液能够有效预防钻具粘卡及钻头泥包，在稳定井壁、抑制地层泥岩水化膨胀、抗高温抗污染及快速钻进等方面有其技术优势，被广泛应用于高难度井、大斜度定向井和水平井。油基钻井液的使用影响了岩性识别和油气显示判断，需要改进录井方法适应油基钻井液钻井技术的应用。常见油基钻井液及特点见表 15-1。

表 15-1　常见油基钻井液及特点

类型		特　点
全油基钻井液	INTOL™ 全油基钻井液	以柴油或低毒矿物油为基础油，具有与水基钻井液相似的流变性，动塑比高，剪切稀释性好，改善井眼清洗状况及悬浮性，提高钻井速度
	白油基钻井液	以 5 号白油为基础油，具有生物毒性较低、电稳定性好、塑性黏度低、滤失量小等特点，可用于易塌地层、盐膏层、能量衰竭的低压地层和海洋深水钻井
	气制油基钻井液	以气制油为基础油，具有钻井液黏度低，当量循环密度低，有利于防止井漏、井塌等井下复杂情况的发生，提高钻井速度
	柴油基钻井液	以优质 0 号柴油作为分散介质，用氧化适度的氧化沥青及乳化剂 SP-80 配制，具有热稳定性好，地面低温循环流动性良好，井下移砂能力强，乳化稳定性好，防塌及润滑效果良好
低毒油基钻井液	无芳烃基钻井液	基础油中芳烃质量分数小于 0.01%，多以植物油为基础油，具有可降解性，且闪点、燃点高，高温稳定性好
	低毒 Versa Clean 油基钻井液	以无荧光和低芳香烃矿物油为油基，具有润滑性好、井眼稳定性强、抗高温等的特点
抗高温油基钻井液		一种非磺化聚合物或非亲有机物质黏土的油基钻井液，在高温高压（260℃ 和 203MPa）下具有良好的稳定性，且悬浮稳定性好，钻井液密度可达 2.35 g/cm³
可逆转乳化钻井液		通过控制酸、碱性条件实现钻井中不同阶段水包油和油包水乳化钻井液转换，适用于海上钻井，简化岩屑处理程序

二、油基钻井液对录井的影响

(一)岩性识别

在油基钻井液环境下，受表面张力和吸附作用影响，岩屑或岩心表面附着一层油膜，由于油水互不相溶，用清水无法清洗掉岩屑表面的油膜，松散的岩屑颗粒粘在一起，难以清洗干净。被油基钻井液浸泡过的岩屑，表面颜色受到污染不见岩石本色，而且表面附着许多泥质或砂质小颗粒杂质，岩性识别难度增大。

(二)油气显示识别与评价

油基钻井液钻井时，各类基油也具有发出荧光的特性，对荧光录井干扰较大，影响了录井人员对油气显示的识别和油气层评价。

油基钻井液中有机高分子化合物在高温高压的条件下发生裂解，产生轻烃，使气体录井的全烃值明显升高，形成高背景值，造成地层油气显示被掩盖，全烃及组分不能真实反映地层的含油气性，影响了弱气测异常显示的解释评价。

(三)仪器设备影响

油基钻井液中有机高分子化合物裂解产生的重烃被气体检测仪器的气路管线和色谱柱介质吸附，造成烃组分解吸困难和解吸时间延长，鉴定器积碳过多，污染分析系统，使气测异常峰形变宽、显示错位、基线偏移，影响原始数据的准确采集。

三、油基钻井液录井方法

(一)岩屑清洗与干燥

1. 岩屑清洗

(1)油基钻井液录井前，对柴油、白油、纯碱、洗洁精、酒精、洗衣粉等清洗剂进行测试，选用清洗效果较好的清洗剂。

(2)使用清洗剂清洗岩屑。若岩屑表面存在油膜影响岩屑定名和样品分析时，先使用清洗剂等漂洗，然后用清水清洗。

油基钻井液条件下岩屑清洗一般可分三步：第一步先用清洗剂和清水的混合液(清洗剂与清水比率一般为1:5)清洗，第二步用清洗剂除去岩屑表面油污，第三步用清水稀释、除去岩屑表面清洗剂。清洗过程中要轻度快速漂洗，避免岩屑二次破碎。

2. 岩屑干燥

岩屑可自然晾干、风干或烘干，烘干时严禁岩屑与热源直接接触，严禁直接烘烤未清洗干净的岩屑。

(二)岩性识别

(1)岩屑描述时，挑选代表性强、受污染程度低的样品。虽然岩屑经过特殊清洗，但有时岩屑表面混杂残留砂质、泥质及矿物颗粒，需在放大镜下观察颗粒组成来确定岩性。描述岩屑要大小结合，干湿样进行对比分析，注意观察岩屑新鲜面颜色。

如果采用PDC钻头和螺杆钻具钻进，岩屑细小，要将振动筛布换成140目以上，着重观察散砂部分。

(2)常规方法不能准确识别岩性时，采用X射线荧光元素录井、X射线衍射录井、自然伽马能谱录井等辅助判断。

(三)油气显示识别及评价

1. 岩屑真假荧光识别

为了消除油基钻井液对岩屑荧光录井的影响，进入目的层前选取不含油岩屑进行荧光湿照、滴照，观察岩屑表面及新鲜断面荧光颜色、产状及氯仿挥发后残余物荧光特征，用于真假荧光显示对比。

在荧光灯下观察岩屑断面发光面积、强度及产状，受污染岩屑断面荧光显示多为环状，发光强度外部大于内部，滴照时滤纸上出现斑状、放射状扩散光环，多次滴照后上述现象逐渐消失。含油的污染岩屑内部荧光发光强度均匀，内部大于外部，滴照时滤纸上将出现明显的斑状、放射状扩散光环，多次滴照后仍有上述现象。

对于油基钻井液钻井，提前对同区块邻井油气层原油样品进行荧光试验，了解含油性质及荧光特征，并与油基钻井液荧光特征进行对比，区别地层原油荧光与钻井液污染荧光，见表15-2。

表15-2 地层原油及油基钻井液荧光对照表

对照项目	柴油油基钻井液	地层中质油	地层轻质油
湿照特征	淡蓝色、蓝紫色	金黄色、亮黄色	蓝色
滴照颜色	蓝色	黄色、乳黄色	蓝色
滴照反映	快速	视物性慢速—快速	快速
滴照残留物	蓝色荧光，自然光下无残留物	暗黄色—黄色荧光，自然光下呈褐色环状—薄膜状	蓝色荧光，自然光下无残留物

2. 岩(壁)心油气显示识别

岩(壁)心出筒观察后，应采用棉纱、锯末等清洁岩心表面，在岩心新鲜断面中部选取样品分析。观察描述岩(壁)心中部未受污染的新鲜断面的岩性和含油性，并描述油基钻井液浸染特征及油环浸染深度。

3. 气测采集及异常显示识别

1)气测采集

样品气管线架设不少于2根，加密反吹洗频次。在油基钻井液环境下为防止气管线、色谱柱及鉴定器被污染，样品气分析前要经过严格过滤、除湿处理，气路中干燥剂通常使用氯化钙或硅胶。每班检查并及时更换干燥剂和过滤装置。必要时，及时更换样品气管线，疏通色谱柱，清除鉴定器积碳。

2)气测异常显示识别

在油基钻井液环境下，新配制的钻井液气测全烃基值较高，对异常幅度较小的地层真实气体显示影响较大。油基钻井液经过使用循环一段时间后，全烃基值逐渐下降并趋于稳定，注意区分钻遇油气显示后全烃及组分的异常显示。经过气路的改进，油基钻井液对全烃的影响仍然较大，但对 C_1、C_2 影响较小，因此主要依据 C_1、C_2 的变化并结合钻时、岩性变化来判断油气显示。

4. 钻井液性能变化识别油气显示

除常规的钻井液密度、黏度、氯离子含量、电导率外，油基钻井液破乳电压、油水比也能较好地反映地层流体侵入类型。当地层水进入井筒时，油基钻井液中的油和水含量比值会发生变化，侵入量达到一定程度，会破坏油基钻井液乳化状态，通过测定钻井液电压变化就能进行判断。

5. 地球化学资料识别油气显示

油基钻井液中有机成分与地层中原油的化学成分不同，也具有不同的地球化学特征。利用定量荧光录井、岩石热解地球化学录井、岩热蒸发烃气相色谱录井和轻烃录井，可区分地层原油与钻井液基油（或混油）。进入目的层前，分别对钻井液基油、油基钻井液和不含油的岩屑进行取样分析，再与目的层的含油岩屑的分析谱图、特征指数进行对比，扣减污染背景值，恢复地层真实油气显示，结合其他资料对油气层进行评价。

6. 流体综合评价

排除油基钻井液对荧光、气测等资料的影响，综合各项录井资料全面评价。

第二节　泡沫钻井录井

一、概述

泡沫钻井是以泡沫流体作为循环介质的欠平衡钻井方式，泡沫钻井当量密度一般为 $0.06 \sim 0.72 g/cm^3$。泡沫钻井作业中，气体、液体（黏土）、稳定剂和发泡剂通过空压机组、增压机组及雾泵组形成泡沫介质。泡沫流体分硬胶泡沫和稳定泡沫两种体系，硬胶泡沫是由气体、黏土、稳定剂和发泡剂配成稳定性较强的分散体系，稳定泡沫是由气体、液体、发泡剂和稳定剂配成的分散体系。泡沫钻井的气体可以是空气，也可以是氮气、二氧化碳及天然气（或泡沫钻井的气体包括空气、氮气、二氧化碳及天然气）。泡沫钻井机械钻速是常规钻井的 $5 \sim 10$ 倍，适用于针对低压、低渗透或易漏失、垮塌、产水及水敏性地层的钻井。与常规钻井方式相比，泡沫钻井增加了排砂管线，井底岩屑及泡沫介质循环至井口后由排砂管线直接排至岩屑池，泡沫自然破泡后基液回收到上水池进行再利用。

二、泡沫钻井对录井的影响

(一)岩屑录井

1. 迟到时间

泡沫钻井的钻具中安装单流阀，无法用塑料片等固体标记物实测迟到时间，只能用粉状小颗粒或液态标记物。在泡沫流体中，粉状小颗粒标记物容易被泡沫包裹，肉眼难以识别，液态标识物容易被泡沫流体稀释，不易辨别颜色，准确测量迟到时间难度较大。而且泡沫流体在钻杆内存在压缩过程，造成下行时间计算不准确。在接单根时泡沫在钻杆内和环空内的运行状态不稳定，与常规钻井液相对稳定的运行状态相差很大，因此在接单根或有停止循环的时间段内实测的迟到时间与正常钻进时实测的迟到时间误差较大。

2. 岩屑采集

泡沫钻井作业中，泡沫流体开始或结束循环时存在压力缓冲，循环中断时岩屑容易沉淀混杂，影响岩屑代表性。泡沫钻井不使用高架槽和振动筛，岩屑返出后经排砂管线直接排到岩屑池，不能使用常规岩屑捞取方式。

(二)气体录井

常规钻井条件下，钻开油气层时，地层油气进入钻井液中，经脱气器分离出的气体直接进入色谱仪分析，受外界空气影响小。泡沫钻井时，地层气体进入井筒内被大量的流动气体稀释，同时，泡沫流体中的泡沫表面张力强，抑制了地层流体从泡沫中分离。色谱仪检测到的气体组分参数信息被弱化，气测值常为常规钻井条件下的 $1/10 \sim 1/5$。

(三)工程录井

泡沫钻井条件下，液相介质下的出口流量、池体积、泵冲、出/入口密度、出/入口温度、出/入口电导率等参数无法检测，工程异常监测判断的方法及 dc 指数监测地层压力方法无法应用。

(四)油气解释

由于循环方式与常规钻井方式不同，泡沫稀释了油气水浓度，弱化了采集的信息，常规录井下油气层判别标准在泡沫钻井下缺乏相应的方法，不利于油气层解释。

三、泡沫钻井录井方法

(一)岩屑录井

1. 迟到时间确定

泡沫钻井循环介质为气液两相流体，与常规钻井液单相流体循环介质相比，理论计算迟到时间复杂，且不准确，现场录井确定迟到时间主要采用岩屑观察法和实物测量法。

1)岩屑观察法

适用于开始泡沫钻进、地质循环结束、刚下钻到底等工况，井底无沉淀岩屑。记录钻头接触地层开始钻进的时间，听到岩屑返出井口撞击排砂管线声音的时间或在排砂管线出口处观察到泡沫流体携带地层岩屑返出的时间，二者时间差即为岩屑实际迟到时间。岩屑观察法不需要考虑泡沫下行时间，方法简单、结果相对准确。

2)实物测量法

接单根时，将颜料均匀注入钻杆，记录开泵时间和颜料返出时间，差值为循环一周时间，减去下行时间，得到实测迟到时间。使用颜料测量迟到时间时颜料用量要大，颜料颜色与所钻地层岩屑颜色色差明显，便于观察和记录。

2. 岩屑采集

泡沫钻井的岩屑从排砂管线直接排到岩屑池，在排砂管线的末端底部切割一个合适开口（一般为 8cm×8cm），岩屑经清水消泡和重力分异，部分岩屑自开口掉落到下面捞砂盒内（图 15-1）。岩屑已经被进水口的水冲洗过，再用少量清水就可清洗干净。

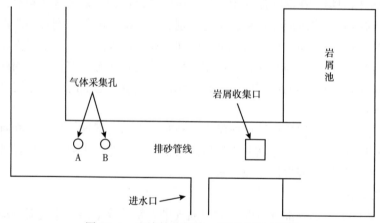

图 15-1　泡沫钻井气体、岩屑采集示意图

3. 气体资料采集

泡沫钻井的气体取样，在排砂管线末端的顶部切割 2 个直径约 6cm 的气体采集孔；气体采集孔与净化桶之间使用内径大于 1cm 的软管连接，采用双净化桶方式消除泡沫（图 15-2）。从 AB 两个出口分流的原始气样，通过清水和饱和盐水净化桶净化后接入常规气管线，再进行干燥处理，达到气体录井要求。

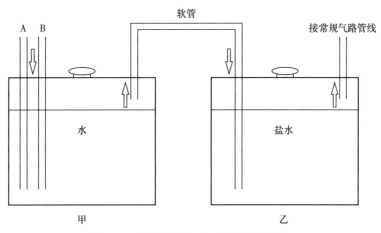

图 15-2　泡沫钻井气体净化装置示意图

4. 工程录井参数采集

（1）钻井参数传感器安装：泡沫钻井条件下，除上述无法监测的工程参数外，钻井参数传感器安装位置、安装方法与常规钻井条件下相同。

（2）硫化氢传感器安装：泡沫钻井井口是密封的，在排砂管线的出口处安装固定式硫化氢传感器。

5. 工程异常监测

（1）常见的遇阻、遇卡、钻具、钻头等复杂情况的工程异常监测与常规钻井方式相同。

（2）气侵特征。

泡沫钻井过程中，当地层天然气侵入井筒时，可以监测到气体参数异常。天然气在上升过程中随着压力变小，体积增大，造成井筒内上返流体当量密度下降，立压下降，排砂管线出口喷势增强，同时气测值和液气分离器排气管线内气体流量明显升高或波动范围较大。

（3）油侵或水侵特征。

正常情况下，井筒内泡沫流量和上返流体压力较稳定，泡沫注入压力保持平稳。

当地层出油或出水时，由于油或水的密度均大于 0.72g/cm³，造成井筒内上返流体当量密度升高，增大了循环系统的负荷，立管压力升高。同时，排砂管线出口排出的泡沫颜色发生改变。

① 地层出水时，排砂管线出口泡沫流速加快，泡沫状态由密集状变为大小不均分散状，破裂速度变快；泡沫颜色变深，形态发生变化，呈冲击状，射程较远。

② 地层出油时，排砂管线喷出的泡沫颜色变深，形态发生变化，泡沫中还可见到大量油花。

第三节　气体钻井录井

一、概述

(一)气体钻井类型

气体钻井是采用气体作为循环介质的一种欠平衡钻井技术，主要用于容易漏失的低压、非产层和目的层为含气层的钻井，以减少储层伤害、提高油气产量、提高钻井速度。常见气体钻井类型及特点见表15-3。

表 15-3　气体钻井的技术特点

类型	技术特点
空气钻井	主要用于非目的层钻井(若空气钻井时地层出天然气，容易发生井下爆炸，爆炸点天然气含量4.5%～13.1%
氮气钻井	与空气钻井相同，还有避免井下爆炸的优点。 不足：与空气钻井相比增加制氮设备，费用高
天然气钻井	基本与空气钻井、氮气钻井相同，还有避免井下爆炸的优点。 不足：地面设备和工具防泄漏、防爆性能要求高，费用高
尾气钻井	柴油机尾气是不可燃气体，适合于超低压气井钻井。 不足：不适用于产水气井和高压气井

不同气体钻井工艺对录井工作影响基本相同，下面以氮气钻井为例。

(二)氮气钻井工艺流程

氮气钻井设备主要有空压机、制氮设备、增压机、旋转防喷器、排砂管线等组成，如图15-3所示。氮气钻井是氮气经增压后通过立管注入钻具，冷却钻头并携带井底的岩屑返出井口，经排砂管线排入岩屑池的特殊工艺作业。

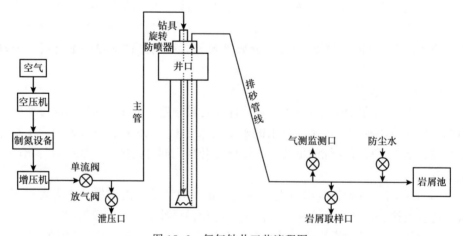

图 15-3　氮气钻井工艺流程图

二、氮气钻井对录井的影响

(一)岩屑录井

1. 迟到时间

氮气钻井是以氮气作为循环介质，由于井筒内各点的温度和压力是变化的，而作为循环系统介质的氮气具有可压缩和膨胀特性，常规钻井的迟到时间经验公式难以适用于气体钻井条件。氮气钻井采用较大的气体流速提高携砂能力，迟到时间较常规钻井缩短近10倍，测量误差较大。

2. 岩屑采集

氮气钻井条件下，井筒内的流体为气、固两相，固相介质为岩屑颗粒。岩屑受到的作用力：一是垂直向下的自身重力，二是高压气体向上的推力。

岩屑高速上升运动过程中，颗粒直径较小的岩屑由于重力较小，上升速度快于直径较大的颗粒，因此相互之间发生剧烈的碰撞摩擦作用，颗粒直径进一步变小，循环到地面的岩屑颗粒呈粉尘状，导致岩性定名及描述困难。

(二)气体录井

氮气钻井条件下，地层天然气进入井筒内被大量氮气稀释，色谱仪检测到的烃类信息被弱化，难以横向对比。如果钻穿多个油气层，不同层段的天然气连续返出，造成气体信息叠加，气测异常归位难度大，影响了油气显示发现及评价。

(三)工程录井

氮气钻井条件下，液相介质下的出口流量、池体积、泵冲、出/入口密度、出/入口温度、出/入口电导率等参数无法检测，工程异常监测判断的方法及 dc 指数监测地层压力方法无法应用。

三、氮气钻井录井方法

(一)岩屑录井

1. 迟到时间确定

1)理论计算法

岩屑在环空是在绕流阻力、浮力和重力的作用下上升的，在此过程中会产生一个沉降末速度。沉降末速度指岩屑在上升气流中运动，最终达到稳定状态时岩屑相对于气流的速度。假设上升气流平均速度为 v，岩屑在上升气流中的绝对速度为 V，沉降末速度为 v_1，则在上升气流中建立方程 $V=v-v_1$，只要保证 $v>v_1$，即可使岩屑在上升气流中始终是上行的。根据牛顿第二定律列出受力平衡方程求解沉降末速度，对于球型岩屑，计算公式如下：

$$v_1 = \sqrt{4gd_{max}(y_c - y_g)/(3cy_g)} \tag{15-1}$$

式中：g 为重力加速度；d_{max} 为最大岩屑特征尺寸；y_c 为气体密度；y_g 为井底岩屑密度；c 为线流阻力系数，取 0.44。

由气体状态方程求出上升气流平均流速，单位为 m/s，上升气流平均流速的计算公式为：

$$v = (RW_gT)/(pS) \tag{15-2}$$

式中：R 为气体常数，J/(kg·K)；W_g 为气体质量流量，kg/s；T 为全井平均温度，K；p 为井底气体压力，Pa；S 为钻柱内截面积，m^2。

应用式（15-1）、式（15-2），通过推导求取出 V。岩屑在上升气流中达到稳定状态时间很短，可以忽略不计，井深 H 除以 V，即可求取出岩屑返出地面的迟到时间 T：

$$T = H/V \tag{15-3}$$

2）岩屑观察法

通常利用接单根后或下钻到底后，记录钻头接触地层开始钻进的时间，在排砂管线出口观察岩屑粉末返出的时间，记录岩屑粉末数量开始增多的时间，两者之间的时间差为岩屑的迟到时间。

3）标准样品气法

以 CO_2 样品气为例，当氮气钻井开始循环且立管压力稳定时，向循环管线入口注入 CO_2 气体并开始计时，使 CO_2 样品气与循环气体同时进入井筒并循环返出，出口 CO_2 检测仪检测到 CO_2 时停止计时，得到的时间差为一个循环周时间，减去下行时间，即为实测迟到时间。

2. 岩屑采集

（1）岩屑采样装置应安装在排砂管线降尘水入口的前面，靠近井场边缘便于取样的位置。

（2）在排砂管线末端下方切割一个直径 6cm 的孔，焊接分流管。分流管的一端制成楔形深入排砂管内形成一个挡板，另一端连接一个可以密封的布袋。在分流管上适当间距安装两个阀门，如图 15-4 所示。钻井过程中闸门 1 常开，闸门 2 关闭；取样时关闭闸门 1，打开闸门 2，岩屑自动流入布袋取样；取样后再关闭闸门 2，打开闸门 1。

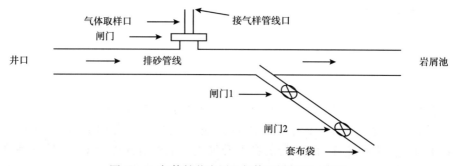

图 15-4　气体钻井岩屑及气体取样装置示意图

3. 岩性识别

（1）氮气钻井岩屑呈粉末状，直径一般小于 0.08mm。遵循"大段摊开，颜色分段，逐包手感，浸水滴酸，显微镜观察"的原则。

（2）应采用显微镜放大观察岩屑，识别矿物成分，判断岩性，建立岩性剖面。放大倍数不低于 40 倍。

（3）特殊层、目的层，采用 X 射线衍射矿物录井、X 射线荧光元素录井等方法辅助识别岩性。

（4）常见岩性特点。

砂岩：细—中砂岩目测为砂粒，多为无色透亮的石英矿物，研磨感较强，其他成分均呈粉末状；清水浸泡混合液较清，底部可见破碎岩屑颗粒，主要为石英。粉砂岩呈粉末状，有轻微研磨感，清水浸泡混合液较浑浊，底部破碎岩屑少且粒度小。

砾岩：颗粒相对较大，研磨感强，清水浸泡可见破碎砾石。

泥岩：呈粉末状，无研磨感，清水浸泡混合液浑浊。

石膏：颜色为浅灰色或白色，清水浸泡晃动见分散物，滴酸不起泡，取澄清滤液加入 $BaCl_2$ 溶液，见白色沉淀物。

白云岩：滴稀盐酸不反应，加热后反应剧烈；用碳酸盐含量分析仪检测，样品分析曲线呈缓慢上升趋势，可得到碳酸盐含量数据。

石灰岩：滴稀盐酸反应剧烈，用碳酸盐含量分析仪检测，样品在 30s 内快速反应完全，分析曲线快速上升后转为平直。

(二)气体录井

(1)根据需要在排砂管线出口安装可燃气体传感器。

(2)在排砂管线降尘水入口前面，排砂管线末端的顶部切割 1 个直径 2~3cm 的气体采集孔，焊接分流管线，安装闸门，用来调节气体流量。

(3)气体采集孔与净化装置之间使用内径 1cm 的软管连接，样品气经过三次净化后进入色谱仪。

第一次净化：在进样管线上安装一个粉尘过滤器，除去样品气中的岩屑等大颗粒杂物。

第二次净化：经第一次净化后的样品气通过水罐，除去样品气中残留的粉尘。水罐用有机玻璃制造，便于观察内部情况；水罐底部做成漏斗形状，便于取样和排污。

第三次净化：样品气在样品泵的抽吸作用下通过干燥筒，除湿。

(4)非烃气体检测不应采用过水净化。

(三)工程录井

1. 钻井参数传感器安装

氮气钻井条件下，除上述无法采集的参数传感器外，其余钻井参数传感器安装位置、安装方法与常规钻井条件下相同。

2. 硫化氢传感器安装

固定式硫化氢传感器安装在排砂管线的出口处。传感器应固定牢靠，定期检查、更换传感器测量端的透气防护罩，确保检测灵敏度。

3. 气体流量等传感器安装

根据需要，在入口管线上安装气体压力、气体流量等传感器，在出口管线上安装气体流量、气体温度、气体湿度等传感器。

4. 工程异常监测

(1)常见的遇阻、遇卡、钻具、钻头等复杂情况的工程异常监测与常规钻井方式相同。

(2)根据上返钻屑量、岩屑湿润程度、立压、钻具扭矩、摩阻等的变化判别地层出油、出水情况。

(3)发现工程参数异常变化时，应立即报告，并提供异常参数的数据资料。出现下列情况但不限于下列情况，视为参数异常：

①有全烃或烃组分异常显示。

②有硫化氢、二氧化碳、氢气等非烃气体显示。

③发现岩屑返出量减少或返出岩屑湿润。

④气体温度、气体湿度异常变化。

（4）气侵特征。

氮气钻井过程中钻遇气层时，天然气侵入井筒，可以监测到气体参数异常，排砂管线出口流量增大，排砂管线出口喷势增强。排气管线点火可燃，火焰一般为淡蓝色，停止注气后，仍有气体排出并见火焰。

（5）油侵或水侵特征。

气体钻井过程中钻遇水层或油层时，岩屑返出量减少或无返出，注入气体压力升高，扭矩增大，上提、下放钻具摩阻增大。同时具有以下特征。

①地层出水：岩屑及取样袋湿润，水量大时能见到明显地层水。

②地层出油：岩屑粉末呈团状，可见原油、有油味，往往伴有气侵特征。

（6）资料收集。

若排气管线点火，应收集出口气体点火时间、钻井井深、火焰颜色、火焰高度、持续时间、烟雾颜色等资料，记录在"录井班报"中。

第四节　水平井钻井录井

一、概念

（一）水平井

水平井指井眼轨迹按既定的方向偏离井口垂线一定距离，井斜角不小于 86° 并保持这种角度钻完一定长度水平段的井。水平井的井眼轨迹与直井、一般斜井不同，包含直井段、造斜段和水平段三部分，水平段部分应在目的层中穿行。

水平井通过在油气层中延伸增大储层泄油面积，可以有效提高采收率，一口水平井可以达到多口直井的开发效果，提高了油田生产效益。

（二）常用术语

井斜角：井眼轨迹上某点的方向线与铅垂线之间的夹角。井斜角用来指示井眼轨迹的斜度，井斜角的变化范围为 0°~180°。

方位角：从某点的正北方向线起，顺时针转到目标方向线之间的水平夹角。方位角的变化范围为 0°~360°。

垂直深度：井眼轨迹上某点至井口所在水平面的垂直距离。

水平位移（闭合距）：井眼轨迹上某点至井口铅垂线的水平距离。

视平移：水平位移在设计井眼方位线上的投影长度，当与设计方位同向时为正值，反向时为负值。视平移是绘制垂直投影图的重要参数。

靶区半径：设计允许入靶点偏离设计靶心的平面距离。

靶心距：实钻入靶点到设计靶心的平面距离。

磁偏角：地球上某点磁场北极方向线与地理正北方向线之间的夹角。也可以表述为磁针静止时所指的北方与地理北方的夹角，磁针指北极向东偏则磁偏角为正，向西偏则磁偏角为负。

全角变化率：单位井段长度井眼轴线在三维空间的角度变化，一般用°/30m 来表示。它既包含了井斜角的变化又包含着方位角的变化，单位井段长度取决于生产实际中的测斜需要。

闭合方位角：正北方向线顺时针到闭合距方向线之间的夹角。

造斜点：井眼轨迹上开始定向造斜的位置。

造斜率：单位造斜钻进进尺中形成的钻孔全弯曲角度。

曲率半径：井眼轨迹上垂直段向水平段的转弯半径的大小。

靶窗：靶体的前端面。

靶底：靶体的后端面。

靶前距：靶窗到井口铅垂线的水平距离。

着陆点：井眼轨迹开始进入目的层时，井眼轴线与目的层的交点。

入靶点（A 点）：水平段实钻井眼轴线与靶窗的交点。

终靶点（B 点）：水平段实钻井眼轴线与靶底的交点。

水平段长：入靶点和终靶点之间的长度。

储层钻遇率：水平段钻遇目标储层长度与水平段总长的百分比。

二、水平井钻井对录井的影响

水平井钻井工艺对资料录取及评价造成一定影响，主要表现为实测迟到时间不准、岩屑代表性差、钻井液污染等。

（一）迟到时间影响

受井眼尺寸等方面的影响，理论技术迟到时间存在较大误差。由于水平井特殊的井眼轨迹，岩屑运移方式较直井和一般斜井发生了较大变化，且水平井钻井施工中钻井工序及钻井参数变化频繁，难以准确测量迟到时间。

（二）岩屑采集影响

1. 井壁坍塌和井眼不规则

由于水平井井眼四周应力不平衡，上侧井壁容易坍塌。已钻井眼坍塌下来的地层掉块，与新钻开地层的岩屑混杂在一起，尤其裸眼井段较长时，这种因素影响更加明显。由于井壁坍塌造成的井眼不规则，在不规则处岩屑上返速度降低或滞留，造成上下地层岩屑混杂，导致岩屑代表变差。

2. 岩屑沉积床的形成

水平井钻井过程中，当井斜角小于 30°时，岩屑上返情况与直井、普通斜井相同。当井斜角为 30°~60°时，随着环空流速变化，岩屑受自身重力影响，环空中的岩屑部分沉积在井筒底边形成岩屑沉积床。当井斜角大于 60°时，岩屑沉积床进一步增大。钻井过程中，岩屑沉积床不断形成和破坏，不同井深的岩屑在上返过程中混杂在一起，导致岩屑代表性变差。

3. 岩屑多次破碎

水平井钻进过程中，钻具与井壁之间的摩擦严重，岩屑在由井底返到井口的过程中，不断受到钻具与井壁的碰撞、研磨而多次破碎，岩屑变得细碎，造成岩性、含油性观察困难。

(三)荧光录井影响

水平井钻井中岩屑颗粒细小，在井眼中经过长时间的冲刷和浸泡，油气散失严重，荧光显示变弱。此外，为了减少钻具与井壁之间的摩擦阻力，通常会在钻井液中混油或其他含荧光润滑剂，岩屑会受到不同程度的污染。

三、水平井钻井录井方法

(一)迟到时间

水平井入靶前迟到时间测量间距按照直井要求执行，进入水平段后，每钻进50m实测一次。

(二)岩屑采集

密切注意钻具活动状况，详细记录接单根、起下钻、循环、活动钻具时间和井段，以便在岩性识别时参考上述变化。

(三)荧光录井

1. 真假荧光识别

针对混油钻井液对岩屑荧光录井的影响，进入目的层前选取不含油岩屑进行荧光湿照、滴照，观察岩屑表面及新鲜断面荧光颜色、产状及氯仿挥发后残余物荧光特征，用于真假荧光显示对比。

在荧光灯下观察岩屑断面发光面积、强度及产状，受污染岩屑断面荧光显示多为环状，发光强度外部大于内部，滴照时滤纸上出现斑状、放射状扩散光环，多次滴照后上述现象逐渐消失。含油的污染岩屑内部荧光发光强度均匀，内部大于外部，滴照时滤纸上将出现明显的斑状、放射状扩散光环，多次滴照后仍有上述现象。

提前对同区块邻井油气层原油样品进行荧光试验，了解含油性质及荧光特征，并与混油钻井液荧光特征进行对比，区别地层原油荧光与钻井液污染荧光，见表15-2。

2. 利用地球化学资料识别油气显示

混油钻井液中有机成分与地层中原油的化学成分不同，也具有不同的地球化学特征。利用定量荧光录井、岩石热解地球化学录井、岩石热蒸发烃气相色谱录井和轻烃录井方法，可有效区分地层原油与钻井液混油。进入目的层前，分别对钻井液添加剂、混油钻井液和不含油的岩屑进行取样分析，再与目的层的含油岩屑的分析谱图、特征指数进行对比，扣减污染背景值，恢复地层真实油气显示，结合其他资料对油气层进行评价。

第五节　水平井地质导向

一、概念

(一)录井综合导向

录井综合导向是水平井钻井过程中，在建立地质模型的基础上，应用随钻资料，跟踪并调整井眼轨迹，修正地质模型，确保井眼轨迹在目标储层中穿行的技术。

(二)水平井录井导向方法

根据钻时、岩屑、荧光及气测等录井信息和随钻测井提供的自然伽马、电阻率等测井信息对标志层进行识别和对比，根据标志层的实钻垂深、推测的标志层距目的层顶底的距离和水平井所在区域的构造特征，预测出不同位置目的层顶底的垂深，及时校正水平井轨迹设计，调整水平井钻井轨迹，确保能准确入靶，并合理确保水平段轨迹在油层中穿行，提高储层钻遇率。水平井导向中常使用随钻测量（MWD）和随钻测井（LWD）技术，随钻测量技术在钻井过程中实时测量井斜角、方位角等工程参数，随钻测井技术可测量自然伽马、电阻率、密度、中子及声波等物理参数。

(三) 水平井录井技术需求

为了保证水平井综合导向工作顺利实施，需要录井技术包括但不限于地质录井、气体录井、工程录井、岩石热解地球化学录井、X 射线荧光元素录井、X 射线衍射矿物录井。

二、水平井地质导向流程

水平井地质导向工作大致分为三个阶段：一是导向钻前设计与分析，包括区域地质认识、水平井设计分析、建立导向模型；二是实时导向中的轨迹控制，找准着陆点、精确入靶点；三是水平段目的层钻进过程中的井眼轨迹精确控制。

(一) 导向模型建立

1. 资料准备

(1) 区域资料包括收集并整理区域地层特征，构造特征，地震资料，沉积相分析，砂体的三维、二维空间展布情况，区域油气水分布特征及性质。

(2) 邻井资料。

录井资料：地层、岩性、物性、含油性、录井综合图、录井基本数据等。

测井资料：测井曲线、测井解释数据等。

工程资料：井身轨迹、防碰数据等。

试油资料：试油数据及注采动态等资料。

(3) 本井资料。

图件资料：目的层顶底界构造图、油藏剖面图、地震过井剖面图、地震反演图等资料。

工程资料：设计斜深、设计垂深、复测井口坐标、磁偏角、地面海拔、补心高、设计井身轨迹、靶点、靶窗、靶前距、水平段长度等资料。

(4) 录井响应特征资料：地层、岩性、油气水信息等录井响应特征资料。

2. 建立模型

分析地层岩性特征、沉积相变化及油气水层的分布规律，建立区域三维及二维地质模型，在地质剖面图上做出井身轨迹曲线，预测进入目的层入靶点的斜深，初步建立导向模型、制定导向方案，为实时导向中的着陆点控制、卡取和水平段轨迹监控提供分析依据。

(二) 水平井着陆

1. 水平井着陆要求

从水平井着陆前的造斜、定向段开始，根据实钻录井、工程、随钻测井等资料，与邻井进行实时地层对比，对目标地质体的地层厚度、斜深、垂深、井斜角变化等方面进行实时分析，预测目的层的垂深，结合目的层地层倾角、目的层厚度、井斜角及方位角等，确定着陆角度、着陆点，指导工程施工。水平井着陆的最佳方式为"软着陆"，既在地质设计要求范围内中靶，又保证进入目的层轨迹与地层产状形成合理角度（5°~8°）。而按照地质设计的目的层深度、地层倾角进行钻探，往往出现实钻地层与设计地层差别比较大的情况，给井眼轨迹控制带来极大难度。为此，在钻探过程中应提前预测目的层深度、倾角等地层参数，为井眼轨迹调整留下足够空间。

2. 着陆点确定

（1）等深对比法推测着陆点深度。不考虑水平位移对目的层垂深的变化影响，认为横向上标志层与油层间的垂直距离不变。这是现场对比中最常用的预测着陆点的方法，由于标志层与目的层倾角一致的可能性极少，因此，运用该方法预测着陆点，离目标层越近就越准确，对比井越近越精确，标志层倾角与目的层地层倾角差越小预测误差越小。

地层视倾角为0°的地层很少，所以等深对比法精确度往往较差。在标志层位置 A 所推算的目的层顶深与实钻着陆点 B 的深度有较大的误差，因此在确定标志层与目的层的厚度后，引入带有地层倾角变化的计算方法预测着陆点，如图 15-5 所示。

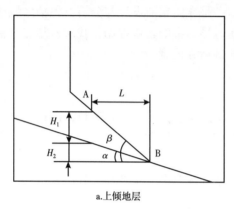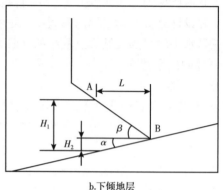

a. 上倾地层　　　　　　　　　　　　b. 下倾地层

图 15-5　水平井着陆点计算方法示意图

设标志层至目的层顶厚度为 H_1，标志层 A 处目的层顶深与实际着陆点深度的厚度差为 H_2，由 A 点至 B 点的闭合距为 L，地层倾角为 α，井斜角的余角为 β，对于上倾地层可得到关系式：

$$H_1 + H_2 = L\tan\beta \qquad (15-4)$$

和

$$H_2 = L\tan\alpha \qquad (15-5)$$

合并后得到：

$$L = H_1 / (\tan\beta - \tan\alpha) \qquad (15-6)$$

可得出按目前井斜角钻至油层顶需要的垂直厚度，同理得到上倾地层按照目前井斜角钻至油层顶需要的垂直厚度。

由式（15-6）的推导过程可以看出，其前提是地层倾角在横向上无变化，且没有断层和岩性突变，此方法主要适用于构造相对简单的区域。

同理得到下倾地层按照目前井斜角钻至目的层顶需要的垂直厚度，计算公式为：

$$H_1 - H_2 = H_1\tan\beta(\tan\beta + \tan\alpha) \qquad (15-7)$$

（2）绘图法预测地层产状和目的层顶深度。即在就近原则及对比沉积相分析的基础上，优选"标准井"作为水平井的"导眼"，找出区域上较为稳定的标志层，根据井间高低关系、标志层深度、厚度变化情况，推测正钻井的标志层、目的层深度及厚度。在水平井钻探过程中，与"导眼井"标志层对比，确定目的层顶界深度，将各标志层对应目的层顶深度的各点，采用线性回归的方法，连线推测出目的层顶面，从而确定地层产状，预测目的层顶深度，指导轨迹控制，顺利着陆。

当该区块无明显标志层，小层追踪比较困难时，可选取曲线特征与邻井相似的井段作为临时标志层，进行追踪对比。

（3）水平井钻遇目标层时，根据钻时、岩性、含油气性，通过与邻井资料对比，综合判断卡取着陆点。

（三）水平段地质导向

（1）在水平段导向过程中应：

①落实岩性及油气显示，实时进行储层含油气性评价。

②跟踪目标储层及井身轨迹变化情况，判断和预测钻头位于地质体位置，指导、调控井身轨迹。

③建立水平井录井导向图。水平井录井导向图包括构造形态、目的层特征、设计及实际井身轨迹、特征曲线等。

（2）在水平段钻井过程中，由于受到构造及储层变化的影响，井眼轨迹可能会偏离目的层进入上下围岩层。钻井过程中应利用录井资料及随钻工程、测井资料，并结合地震剖面，实现精确导向，提高储层钻遇率。

仔细分析邻井目标层上、中、下部及围岩岩性资料及测井、录井剖面组合特征，建立目标层上、中、下部判别标准，指导水平段轨迹跟踪。重点分析测井资料电阻率和自然伽马值、变化幅度和趋势与目标层相应位置对应关系，利用钻时、岩屑、气测、荧光、地球化学等分析手段及时落实界面层段岩性、含油性变化。

第十六章　远程传输

第一节　基本概念

(1)录井资料远程传输：利用通信技术，将井场的录井资料定时或实时发送到基地数据中心的过程。

(2)定时传输：将井场的录井资料按一定时间间隔打包发送到基地数据中心的过程。

(3)实时传输：将井场录井实时采集数据按设定的传输间隔自动发送到基地数据中心的过程。

第二节　传输技术

录井资料远程传输技术包括网络通信、数据库、无线（GPRS）或卫星通信等信息技术。通过远程传输技术把井场的地质、工程等资料经过现场计算机处理，再通过无线通信网络传送到基地数据中心服务器。

录井资料远程传输实现了钻井现场作业实时动态的数据、曲线及音视频再现，使用户能够通过网络访问基地数据中心服务器，了解现场施工动态，进行远程生产作业监控、实时油气水评价、工程安全监测、技术支持及生产决策工作。录井信息远程传输改变了原有的人工传递资料的工作模式，实现了录井作业的流程再造，提升了作业效率，推进了录井业务向数字化、信息化、智能化迈进，为建设数字化油气田奠定了资料基础。

一、传输网络

钻井现场通过有线或无线网络方式把互联网或局域网接入井场无线基站，井场采用无线网桥设备与基站进行点对点或点对多点远距离连接，实现基地网络延伸至现场，并解决移动网络信号较弱、低洼地区没有信号问题及视频传输问题。远程传输的网络组网方式主要有有线光缆、无线扩频网、移动通信网络（3G/4G/5G）、卫星网络等。其中，移动通信网络主要用在手机信号覆盖地区，卫星网络主要用在沙漠、海上钻井平台等，无线扩频网基本解决了宽带入井场问题，适合于大数据量、图像及视频传输。

二、传输方式

原则上采用内网传输。

数据传输采用两种方式：实时秒级传输和定时传输。

三、专业数据传输

建立标准、统一、规范的数据库，应用移动网络技术，实现井场数据向基地信息中心的传输，确保数据的及时性和准确性。

钻井现场以综合录井仪为载体，部署一站式井场数据采集平台，实时采集各专业数据，形成井场数据中心，并将专业数据和动态实时数据传输到基地，实现现场与基地数据的实时共享。

建立钻井、录井、测井、固井、钻井液等专业统一的数据模型，支持 WITS/WITSML 国际标准，支持行业标准、支持其他数据标准转换等。

井场部署一体化录入平台，多专业静态数据分别录入，确保井场数据库数据的唯一性，实现井场内数据共享，资料处理系统实现了各专业资料的自动处理、展示、推送。形成多专业定制化传输，满足专业数据的动态上载与发布。

第三节　传输设备

一、设备配置

(一)设备选型
录井队的远程传输设备应依据作业区域通信状况与生产需要进行选型、配置，技术参数以满足传输要求为准。

(二)井场环境
(1)录井队室内传输设备井场运行环境。

工作温度：10~35℃，相对湿度：30%~80%（22℃）。

(2)录井队室外传输设备井场运行环境。

工作温度：-35~+55℃，工作风速：小于 80km/h。

(三)井场安装
(1)录井队室内设备安装要求：传输设备室内单元固定在平整的桌面或墙面上。

(2)录井队室外设备安装要求：信号天线放置于信号较强的位置，固定牢靠。卫星天线工作的方向应避开大型障碍物，并有相应的防风措施。

二、基地调试

(1)上井前应对远程传输设备进行完好性与网络连接及远程传输软件系统进行测试。

(2)程序测试包括实时和定时传输软件、实时对话、语音通信，并做好相应的记录。

三、井场调试

(1)安装前对传输设备及配件进行检查。

(2)传输设备的安装应在断电状态下进行。

(3)传输设备的电源应由 UPS 供电，保证电压稳定。

(4)在井场调试期间，对于设备的工作参数、校对的传输参数和软件的运行情况都应有相应的记录。

第四节　传输内容与要求

一、实时传输数据

(1)传输内容为录井仪器实时采集的数据。

(2)实时传输的时间间隔应以仪器设置为准。

(3)井场实时传输与基地发布系统的各项参数的单位设置相一致。

(4)井场值班人员随时观察实时数据截取程序和传输程序的运行状态，如出现传输中断或数据缺失时检查传输系统，重新连接并补传数据。

二、定时传输数据

(一)录井基本资料

(1)地质录井资料：现场录取的各类地质资料，包括井基本数据、地层分层、地质原始资料、油气显示统计表、钻井液和相关工程参数，以及溢流、井涌、井漏、卡钻等工程复杂处理情况等。

(2)仪器录井资料：包括仪器采集的整米深度数据、历史数据，气测异常显示、后效记录、泥岩(页)密度记录、碳酸盐含量记录、钻井液热真空蒸馏气分析、起下钻、接单根记录等。

(二)其他资料

(1)定量荧光、地球化学等数据及图件，各类文档数据、报表等。

(2)其他录井相关数据：包括钻井随钻数据、测井数据等。

(3)图像数据：包括岩心岩屑图像、井场视频等。

(三)传输时间

定时传输的时间间隔以建设方要求或生产需要设定。

第五节　数据接收与发布

一、数据接收

(一)质量要求

实时传输数据和定时传输数据，应确保数据的齐全性、连续性。

(二)监控要求

(1)监控人员每天对定时传输数据进行检查，检查发现的问题应反馈作业现场，现场整改后重新传输。

(2)对关键工序、特殊岩性、异常现象等录井过程进行重点监控，对录井现场及时做出必要的提示。

(3)数据监控人员建立相应的数据监控检查记录，并进行传输质量统计分析。

二、数据发布

(1)数据发布内容包括实时传输数据、定时传输数据、曲线浏览及回放、历史数据查询。

(2)数据通过网络客户端或浏览器的形式进行网络发布。

第六节　数据备份与保密

一、数据备份

(1)采用同步或定期备份的方式完整、真实地将数据转储到不可更改的介质上。

(2)采用集中和异地保存方式，保存期限至少1年。

二、数据保密

(1)所有采集的录井资料、收集的其他专业资料及远程传输成果资料属(归)建设方所有。

(2)根据数据保密规定和用途，确定使用人员的存取权限、存取方式和审批手续。

(3)未经批准禁止泄露、外借和转移所有数据信息。

(4)涉密数据信息不得直接或间接地与互联网或其他公共信息网连接。

(5)有涉密数据的计算机送修时，应将存储数据的硬盘摘除，作计算机修理登记。

三、网络安全

录井现场工作应严格执行局域网行为管理、服务器防火墙、防病毒墙等网络安全体系的操作规定，确保储存、传输资料的安全。

第十七章　录井 HSE 工作

第一节　HSE 基本管理

一、录井队 HSE 职责

(1)认真贯彻执行国家相关的 HSE 法律法规及企业的 HSE 标准、规章制度。

(2)遵守所在施工作业现场的各项 HSE 管理规定，执行相关的安全应急预案并参加相关安全应急演练。

(3)排查施工现场的安全风险、隐患并及时整改、上报。

(4)编制 HSE 作业指导书、作业计划书及现场检查表，并有效运行。

二、HSE 基本内容

(1)录井队应成立 HSE 小组。队长为 HSE 第一责任人，全面负责本队的健康安全环保工作；录井队应设兼职安全员，负责监督检查各项安全制度的落实。

(2)录井队应执行岗位安全操作规程、安全责任制、巡回检查制等制度。

(3)录井作业人员应正确穿戴劳保用品上岗，高空作业人员应系好安全带；严格遵守安全用电和消防安全管理规定，正确使用和维护各类电气设备、线路，防止发生触电、火灾事故。

(4)录井队应按要求规范或说明书搬运、保存、使用和废弃处理化学试剂，建立管理台账，由专人保管。应正确佩戴防毒面具(防毒口罩)、防护手套或其他防护用品，有毒有害化学品、配电箱等部位应印有相应安全标志。

(5)录井队井控管理应纳入钻井队统一管理，应严格执行井控管理制度，明确岗位职责。

(6)按相关规定处理好剩余岩屑、废旧设备、废液及生活垃圾等，避免造成环境污染事件。

(7)录井队应建立防井喷(硫化氢)、火灾、爆炸、中毒、自然灾害及重大疫情等应急预案，定期组织和参加钻井队应急演练，并根据应急演练结果及时修订完善应急预案。

(8)遇重大应急演练和重大事件应急救援时，录井队应接受钻井队统一指挥、统一调动、统一预防和统一救治，应与钻井队建立有效的联动应急预警机制，及时相互通报可能发生的重大险情。

三、安全防护配备

(1)在"三高"地区作业时，按 Q/SY 01360—2017 规定使用具有防爆功能的录井仪。

(2)在含硫地区作业时，按 SY/T 6277—2017 规定配备并专人管理便携式气体检测仪、正压式空气呼吸器、防毒面具等设备，按标准要求做好人身防护。

（3）录井队仪器房、地质房和宿舍房内，均应配备至少 2 个大于 3kg 的二氧化碳灭火器。

（4）录井队仪器房、地质房和宿舍房均应安装漏电保护器和接地装置。

（5）录井队应配备急救箱，备有必要的医疗急救用品。

第二节　录井作业安全规程

一、设备搬迁与安装

（1）设备搬迁前，应组织人员进行危害识别。吊具、索具应与吊装种类、吊运具体要求及环境条件相适应。吊装作业前应对索具进行检查，不得超过安全负荷。

（2）吊装、吊放应符合 GB/T 5082—2019 的要求，起重作业应有专人指挥，指挥信号明确，并符合规定；吊挂时，吊挂绳之间夹角宜小于 120°；绳、链所经过的棱角处应加衬垫；悬吊物上不应站人，吊装臂、吊装物下工作区死角不应站人。

（3）设备装载合理、固定牢靠，应由承运方确认。

（4）录井仪器房、地质房应摆放在振动筛同侧并距井口 30m 以外，附近应留有适当面积的工作场地，逃生通道畅通。录井队宿舍房应摆放在钻井队统一规划的生活区内。

（5）录井仪器房、地质房和宿舍房不应摆放在填筑土方上、陡崖下、悬崖边、易滑坡、垮塌及洪汛影响的地方。

（6）录井仪器房、地质房应架设专用电力线路。

（7）录井仪器房、地质房和宿舍房接地线桩应打入地下不小于 0.5m，接地电阻应不大于 4Ω。

（8）用电设备应根据功率大小，正确选用供电线、开关、熔断器、漏电保护器。

（9）井场防爆区域的电器设备应使用防爆（有 EX 标志）器件。

二、地质录井作业

（1）钻具、套管排放完毕后，方可丈量。丈量时，防止钻具、套管碰撞、挤压或滚落伤人。

（2）钻具、套管上下钻台时，录井人员应与钻台大门坡道保持 15m 以上的安全距离。

（3）在丈量方入前，先通知停钻盘，后丈量。上下钻台防滑、防坠落。

（4）捞样、洗样过程中要注意防滑、绊倒，捞样、洗样处应安装照明灯具。

（5）收集泵冲数时，录井人员避免接近钻井泵皮带轮和安全阀泄流方向。

（6）油基钻井液、空气和天然气介质钻井录井现场应做好防火、防爆工作。

（7）取心作业时，在已知或可能含有硫化氢的地层中取心作业执行 SY/T 5087—2017 的规定。岩心出筒时应在场地接心台上进行出心，作业人员应正面避开岩心内筒出口；若悬吊岩心筒出心，岩心筒与接心台台面距离不应大于 0.2m，应使用岩心夹持工具取出岩心，不应用手去捧接。

（8）使用切割机、榔头、斧头等工具切割、劈心时，防止工具伤人，戴好护目镜保护眼睛。

(9)在对岩屑、岩心样进行紫外线直照(干照、湿照)试验、点滴试验、标准系列对比试验时，防止紫外线直射伤害眼睛。

(10)使用氯仿做岩样荧光滴照、标准系列对比试验时，应避免沾染眼球和皮肤，防止经口鼻大量吸入，同时保持荧光室通风良好。

三、仪器录井

综合录井(气测录井)、定量荧光录井、岩石热解地球化学录井或岩石热蒸发烃气相色谱录井、轻烃录井、核磁共振录井、X射线衍射矿物录井、X射线荧光元素录井、自然伽马能谱录井和碳酸盐含量、泥页岩密度分析等仪器设备，在安装、拆卸、标定、校验、检测样品、保养等过程中，严格按照仪器使用说明书操作，做好人身防护，安排专业人员对仪器进行检修。同时，特别注意下列事项。

(一)综合录井(气测录井)

(1)设备拆卸：应按工作流程分级断电，并在开关上悬挂安全警示标志。再按程序拆卸设备，防止造成人员伤害。废弃物按要求运送指定地点处理。

(2)设备安装、调试、维修与保养。

①仪器开机前，确认安装正确可靠，方可通电。打开各部分电源时，应先开总电源，后开分电源。氢气发生器保持排气通畅，定期检漏，防止氢气泄漏。

②电热器、砂样干燥箱应安装摆放在距墙壁0.2m以上或采取其他隔热措施，周围禁放易燃易爆物品。

③安全门应定期检查、保养，保持开启灵活，密封良好。

④烷烃样品气瓶应摆放在通风阴凉处，周围无杂物，远离热源。

⑤室内标定硫化氢传感器时，应保持空气流通。

⑥定期检查空气压缩机安全阀、气路。

⑦录井仪器房、地质房门醒目一侧应张贴井场安全逃生路线图。

(3)传感器安装、调试、维修与保养。

①安装、调试、维修与保养各类传感器前，应与钻井队进行协商，现场悬挂安全警示牌，并有专人监护。操作过程中应注意防滑、防坠落。

②安装、调试、维修与保养绞车传感器前，应先切断滚筒动力和导气龙头气源。

③安装、调试、维修与保养转盘转速、扭矩传感器前，应切断转盘动力。

④安装、调试、维修与保养大钩负荷传感器时，应在钻机空载荷状态下，插好快速接头。

⑤安装、调试、维修与保养立管压力传感器前，应先停泵，排空立管内钻井液；安装结束后须经钻井队技术人员确认，方可通知开泵。

⑥安装、调试、维修与保养泵冲传感器前，应先停钻井泵。

(4)气测录井过程中，应及时监测、预报气测异常和有毒有害气体异常。

(5)工程参数录井过程中，应及时做好工程异常报告。

(6)钻井液参数录井过程中，分析钻井液参数异常变化，及时发现溢流、井涌、井喷、井漏事故前兆。

(二)定量荧光录井

(1)分析场所应保持通风良好。

（2）仪器检修过程中，应防止强光源对眼睛造成伤害。

（三）岩石热解地球化学录井或岩石热蒸发烃气相色谱录井

（1）在样品分析过程中，严禁拆卸热解炉防护罩和氢焰检测仪器盖板。

（2）取放坩埚时，应使用专用工具。

（3）定期检查氮气瓶，定期校验压力表和减压阀。

四、其他作业

（1）在放射性测井作业过程中，录井人员应距作业点 20m 以外，不应进入安全警戒区。

（2）在固井作业过程中，录井人员收集资料时不应在高压管汇、漏斗、灰罐附近停留。

（3）在中途测试作业过程中，录井人员应避开高压管汇、阀门等危险区域。做好有毒有害气体监测与防护。

第三节　HSE 隐患治理

录井队长负责组织、录井队成员主动参与，开展查找录井现场 HSE 隐患工作，发现问题立即报告，及时制定风险消减和隐患治理措施，限期整改。对无法整改或不能立即整改的隐患问题，要制定专项防护措施并认真落实。